若い読者に贈る

美しい生物学講義

感動する生命のはなし

更科功

ダイヤモンド社

はじめに

イタリアのルネッサンス期に生きたレオナルド・ダ・ヴィンチ（一四五二〜一五一九）やミケランジェロ・ブオナローティ（一四七五〜一五六四）は、「万能の天才」と呼ばれることがある。すべての教養を身につけ、あらゆる能力を発揮しつくす喜びが、この「万能の天才」という言葉には込められているのだろう。おそらく、それは人間の理想的な姿の一つに違いない。

ルネッサンス期以降にも、この呼び名に値する人物が何人か現れた。しかし、ドイツの文豪で科学者のヨハン・ヴォルフガング・フォン・ゲーテ（一七四九〜一八三二）あたりを最後に、「万能の天才」と呼ばれる人はいなくなってしまった。

科学の世界に限っても、以前には「万能の天才」的な人がいた。イギリスのロバート・フック（一六三五〜一七〇三）は、物理学の分野では、ばねの弾性に関するフックの法則を提唱したし、化学の分野でも、気体に関するボイルの法則を作るのに重要な役割を果たしたし、生物学の分野でも、細胞を発見した（実際には植物細胞の中身が抜けた細胞壁を見ていたようだ）し、地学の分野では進化論を唱えていた。

だが、現在の科学はとてつもなく巨大になり、一人の人間がすべての分野に精通することは不可能になってしまった。

万能の天才たち

しかし、いくら巨大化しても、科学は一つである。物理学、化学、生物学、地学などと分けることもあるが、それはあくまで便宜的なものだ。科学自体が、こういう分野に分かれているわけではない。生物学で扱う現象には、物理的あるいは化学的なメカニズムがあり、その生物学で扱う現象を理解するには、地学で扱う現象を理解することが必要だ。それぞれの分野は密接に絡み合っている。というか、もともと一つで分けられないものを、分けたつもりになっているだけだ。

もちろん、科学をいくつかの分野に分けることは、実際に研究したり勉強したりするときには便利である。科学が巨大化した現在では、分野に分けることは必要不可欠であるといってもよい。しかし、それは科学の本質とは別の話である。

だから、本当は「万能の天才」のように、科学を広く研究したい。でも、それは無理なので、たくさんの科学者が協力して、科学を広く研究している。それは仕方がないのだが、そうすると科学全体を視野に収めることは、なかなか難しくなる。それでも、少しでも広い視野を持とうとすることは大切だろう。

仮に、あなたが保険会社に勤めているとする。あなたは保険を売りたい。そこで、他の会社の保険に入っているお客さんを説得して、自分の会社の保険に変えさせてしまった。あなたは保険を売ることができて、めでたしめでたしだ。

しかし、こういうことは保険業界全体から考えたら、どうだろう。そのお客さんは、すでに入っている保険の会社を替えただけだ。保険の内容が同じだとすれば、お客さんにとってはメリットもデメリットもない。また、保険業界全体から見れば、保険の件数が一件減って一件増えただけなので、プラスマイナスはゼロである。

しかし、お客さんを説得したり、お客さんが保険会社を変える手続きをしたりするには、時間や手間がかかる。保険自体は増えないのに、時間や手間がかかるのだから、保険業界全体から見ればマイナスだろう。だから、他の会社の保険に入っているお客さんを、自分の会社の保険に変えさせることは、実りのある行為とはいえないわけだ。

ということで、この本は「生物学のすすめ」ではない。たとえば、化学を専攻しようと考えている学生に、「いや、化学なんかやめなさいよ。生物学の方がずっと面白いんだから」といって、進路を生物学に変えさせる本ではない。化学を専攻するか生物学を専攻するかは個人的な問題であって、私が口を出すようなことではない。科学は一つなのだから、どちらを専攻しても、その価値は変わらないのだ。いや、科学だけではない。経済学や文学など、科学以外の分野を専攻しても、その価値は変わらないはずだ。いや、研究である必要もない。どんな仕事であっても、その価値は変わらないはずだ。仕事に貴賤はないのだから。いや、必ずしも仕事をしている必要もない。生きているだけでも、それはかなり立派なことだ。

私は、不良（というかツッパリ）が出てくる、あるマンガが好きである。とはいえ、そのマンガを読んで「よし、俺も明日から不良になろう」と思うわけではない。それでも、私の人生のいくばくかの時間は、そのマンガを読むことに費やされて、そのこと自体が私の人生を（たぶん）豊かにしている。不良にならなくても、不良のマンガを読む価値はあるのだ。

この本は、生物学に興味を持ってもらいたくて書いた本である。タイトルには「若い読者に」と書いたけれど、正確には「自分が若いと勝手に思っている読者に」だ。好奇心さえあれば、百歳超の人にも読んで欲しいと思って、この本を書かせて頂いた。

簡単に内容を紹介しておこう。まずは、生物とは何かについて考えていく（第1章および第3章〜第6章）。そのなかで、科学とはどんなものかについても考えてみよう（第2章）。生物学も科学なので、その限界についてきちんと理解しておくことが大切だからだ。それから実際の生物、たとえば私たちを含む動物や植物などの話をする

（第7章〜第12章）。それから生物に共通する性質、たとえば進化や多様性について述べ（第13章〜第15章）、最後に身近な話題、たとえばがんやお酒を飲むとどうなるかについて話をする（第16章〜第19章）。

でも、その話を聞くのはあなた一人ではない。一緒にイラストの男女二人も話を聞いてくれる。ときにはまじめに、ときにはふざけながら、二人がつきそってくれるので、きっと楽しく最後のページまで辿りつけるだろう。

私は、人に誇れるような人生ではないにせよ、そこそこ楽しい人生は送ってきた（まだ終わってはいないけれど）。その楽しさの一部を私に与えてくれたのが生物学だった。だから、もしも読者が、少しでも生物学が面白いと思ってくれれば、それだけでこの本を書いた甲斐がある。生物学に関係がある生活をしていても、していなくても、生物学を面白いと思うことは、きっとあなたの人生を豊かにしてくれる。そして、この本を読んだ後で、生物学を好きになろうが不良になろうが、それはもちろん、あなたの自由である。

生物学の世界へ――。

目次

第3章　生物を包むもの

第4章　生物は流れている

第5章 生物のシンギュラリティ

第6章　生物か無生物か

第7章　さまざまな生物

第12章　人類は平和な生物

第13章　減少する生物多様性

第14章　進化と進歩

第19章　不老不死とiPS細胞

第１章

レオナルド・ダ・ヴィンチの生きている地球

『モナ・リザ』を描いた理由

地球は生物がすんでいる惑星だが、地球そのものは生物ではない。でも、地球を生物だと考えた人は、昔からたくさんいた。どうやら地球は、生物に似ているらしい。では、地球のどこが生物に似ているのだろう？

五百年ほど前のイタリアに住んでいたレオナルド・ダ・ヴィンチも、地球を生物（あるいは生物に限りなく近いもの）と考えていた一人だ。レオナルドは観察と実験という科学的な方法を、時代に先駆けて実践した。そして、五百年後の現在でも通用する成果をいくつも残した（そのうちの一つは後で紹介する）。しかし、残念なことに、レオナルドの科学における成果は、人類の科学の発展にまったく影響を与えなかった。

レオナルドの成果は、彼が書き残した数千枚にもおよぶノート（レオナルド・ダ・ヴィンチ手稿と呼ばれる）に残されている。ところが、それらの手稿は長らく秘蔵されていて、公開されなかった。少しずつ出版され始めたのは、十九世紀になってからである。しかし、初めは断片的なものが散発的に出版されただけなので、その内容がすぐに世間に知られたわけではなかった。

そうこうしているうちに、人類の科学は、レオナルドの手稿とは無関係に発展していった。そして、レオナルドを超えてしまったのだ。

このようにレオナルドは、科学者としては運がなかった。しかし、画家としては、最高の評価を手に入れることになった。中でも『モナ・リザ』は、西洋絵画の最高傑作とさえいわれている。

この『モナ・リザ』をレオナルドが描いた理由の一つは、地球と人間が似ていることを示すためだった。『モナ・リザ』には、女性と地球（の一部）が描かれている。たとえば、女性の曲がりくねった髪の後ろには、曲がりくねった川が描かれている。わざと両者を対比させて描いたと、レオナルド自身が手稿に書き残している。人間と地球という二種類の生物を、一枚の絵の中に収めたのだ。

地球の中に血管がある？

レオナルドは地球を生物（あるいは生物に限りなく近いもの）だと考えていた。でも、

だからといって、彼がとくに変人だったわけではない。当時の人々のあいだでは、地球が生物だという考えは人気があった。そういう世間の考えに、レオナルドも染まったということかもしれない。

とはいえ、レオナルドは、世間の考えに流されるだけの人物ではなかった。地球が生物だとしても、それを人から聞いただけでは納得できなかった。自分で証拠を見つけて納得したかった。そこでレオナルドは、地球が生物だという証拠を探し始めた。

ここで、一番身近な生物である人間について考えてみよう。人間は頭に怪我をすると血が出る。考えてみれば、これは不思議なことだ。血液は液体だが、液体というものは上から下に流れるはずだ。だからふつうに考えれば、血液はすべて足の方に落ちてしまうはずである。しかし、頭から血が出るということは、血液が下から上に上昇しているということだ。血液が体の中を循環しているということだ。レオナルドは、人間が生きていくためには、この血液が体を循環していること、とくに下から上に上昇することが重要だと考えた。そこで、地球も生物なら、同じようなことがどこかで起きているはずだと思ったのである。

おそらく地球で、人間の血液に相当するものは水だろう。地球の内部、つまり地下には血管のようなものがあって、その中を水が通っているのではないか。たとえば、山の中には血管があって、その中を水が上昇して山頂に水が噴き出す。それが川となって、山の表面を流れ落ちてくるのではないか。レオナルドはそう考えたのだ（その他に、川の水源として、雲から降った雪なども考えていた）。

レオナルドの望みは二つあった。一つは証拠を見つけることで、もう一つはメカニズム（しくみ）を考えつくことだ。しかし、残念なことに、レオナルドの望みは両方とも叶わなかった。地球の地下には血管も見つからなかったし、水を上昇させて山頂から噴き出させるメカニズムも思いつかなかったのである。

それでも、レオナルドは諦めなかった。人間の血液に当たるものが地球の水であるなら、骨に当たるものは岩石だろう。そこで次に、岩石について考え始めたのである。

人間も地球も四つの元素からできていると、当時は考えられていた。重い方から順番に並べると、岩石（あるいは岩石が細かくなった土）と水と空気と火だ。人間は、これらの元素を循環させて生きている。地球も生物なら、これらの元素を循環させているはずだ。とくに岩石は水よりも重いのだから、岩石が上昇することを示せば、地球が生物であることの証拠になるだろう。岩石が上昇するなら、それより軽い水が上昇したって不思議ではないからだ。おそらくそう考えて、レオナルドは岩石が上昇する証拠とメカニズムを探し始めたのだろう。そして、水のときとは違って、今度はうまくいったのである。

ノアの大洪水が原因？

海にすんでいた貝の化石が、何千メートルもの高い山から見つかることは、当時から知られていた。この現象に対する有力な説明は、ノアの大洪水が原因だというものだった。

ノアの大洪水は四十日間続き、地上の生物を滅ぼしつくしたという。このような、地上を覆うほどの大洪水が起きたのであれば、その激しい水流によって山の上まで貝が流されても不思議はないというわけだ。

しかし、レオナルドはいくつかの証拠を挙げて、ノアの大洪水説を否定した。その証拠の中でもあざやかなものが、二枚貝に注目した証拠であった。

二枚貝には貝殻が二枚ある。二枚の貝殻は靭帯（じんたい）でつながっている。貝殻は炭酸カルシウムでできていて頑丈だが、靭帯は有機物なので弱い。二枚貝が死ねば、二枚の貝殻が外れるのは時間の問題だ。さらに水流で流されたりすれば、間違いなく二枚の貝殻はバラバラになる。そうなれば、化石として貝殻が見つかったときに、二枚とも一緒にペアで見つかることは期待できない。

では逆に、貝殻がつながった状態で、二枚ともペアで見つかった化石はどう考えたらよいだろうか。そういう化石は、二枚貝が生きていた場所で、そのまま埋められたと考えられる。

その場合は、もしも化石の周囲の地層から昔の環境が推定できれば、それが二枚貝のすんでいた環境になる。すんでいた環境を知ることは、二枚貝がどんな生き方をしていたのかを知ることにつながるので、生物学として重要だ。

二枚の貝殻がつながっている化石は、その二枚貝が生きていた場所で化石になった。これは、現在でも化石の研究で使われている理論だ。レオナルドは五百年も前に、この方法を考えついた。そして、ノアの大洪水説に反論する証拠の一つとして、この方法を使ったのである。

ノアの大洪水は、歴史上まれに見るような大洪水だったという。そんなすさまじい洪水で二枚貝が流されたら、二枚の貝殻がつながっていられるはずがない。しかし実際には、山の上で見つかる二枚貝の化石には、二枚の貝殻がつながっているものもある。したがって、これらの化石は、ノアの大洪水で山の上まで流されてきたものではない。化石の見つかった場所に、もともとすんでいた二枚貝なのだ。つまり、海が山になったということだ。

これがレオナルドの結論だった。つまり海底が隆起して山になったのだ。岩石が上昇したのである。

レオナルドの望みは二つあった。それは、一つは証拠を見つけることで、もう一つはメカニズムを考えつくことだった。水に関しては、両方とも叶わなかった。でも岩石に関しては、そのうちの一つは叶った。レオナルドは岩石が上昇する証拠を見つけたのである。

岩石が上昇するメカニズム

それでは、レオナルドの二つの望みのうちのもう一つ、岩石が上昇するメカニズムは見つかったのだろうか。実は、これについては研究者によって少し見解が異なるようだ。しかし、ここでは、アメリカの古生物学者、スティーヴン・ジェイ・グールド（一九四一～二〇〇二）の見解を採用しよう。グールドの見解では、レオナルドは岩石が上昇するメカニズムを考えついたという。それは、以下のようなものであった。

地球の内部は、岩石でできているが、そのすき間を水が流れている。水によって少しずつ岩石が削られるので、地球の内部には空洞ができる。そして、空洞は少しずつ大きくなっていく。

たとえば、北半球に大きな空洞があったとする。そのとき、北半球の空洞の天井が崩落すると、岩石が北から南に少し移動したことになる。すると、北半球が少し軽くなるので、バランスを取るために、地球の北側では地面が隆起して山を作る。体重の異なる二人がシーソーに乗ってバランスを取るためには、中心の支点に近いところに重い人が、遠いところに軽い人が乗らなくてはならない。それと同じ原理である（グールドは指摘していないが、地球の重さがアンバランスになる原因として、レオナルドは川による土の移動も考えていた）。

これが、レオナルドの考えたメカニズムらしい。しかし、よく考えると、これだけでは、地面が隆起するメカニズムの具体的な説明にはなっていない。なぜ地面が隆起しなければいけないかという理由が、説明されているだけである。とはいえ五百年前では、このくらいが限界だったのかもしれない。それでも、地球が生物だという考えを、五百年も前に観察や思考実験によって検証しようとしたのだから、やはりレオナルドは時代を超えた人物だったのだろう。

なぜ地球を生物と考えたのか

ところで、もっと根本的な問題として、そもそもレオナルド・ダ・ヴィンチは、なぜ地球を生物（あるいは生物に限りなく近いもの）と考えたのだろう。地球の水や岩石のことを調べる前に、地球が生物だと仮定したわけだが、それはなぜだろう。

レオナルドには、生物（具体的には人間）と地球がよく似たものに思えた。生物の血液と骨が、地球の水と岩石に当たることは、前に述べた。その他にも、生物の肺は呼吸によって膨張したり収縮したりするが、地球の海も呼吸によって膨張したり収縮したりすると考えた。つまり潮の満ち引きがある。生物には肉の中に骨格があるが、地球も大地の中に山脈がある。

生物にあって地球にないものは神経である。神経は運動のために存在するが、地球は運動しないので必要ない。しかし、その他の点では、地球は生物に非常によく似ている。それがレオナルドの地球に対するイメージだった。

レオナルドは地球と人間の似ていない点として、神経の有無を指摘した。しかし、レオナルドはそれを重要な点だとは考えなかった。たしかに生物の中には、植物のように神経がないものもいる。だから地球に神経がないことは、人間には似ていなくても、生物に似ていないことにはならない。そのため、あまり重要視しなかったのかもしれない。

しかし、その他にも、地球が生物と違うところはある。たとえば、子孫をつくらないことだ。現在では多くの生物学者が、子孫をつくることを生物の重要な特徴だと考えている。したがって、子孫をつくらないから地球は生物ではないと、現在なら結論することができる。

でも、五百年前のレオナルドは、子孫をつくることが生物にとって重要なことだとは考えなかった。つまり、「生物とは何か」についてはいろいろな意見があり得る。意外と生物を定義するのは難しいのだ。しかし、それでは先に進めないので次の章、ではなくて次の次の章から、生物とは何かについて考えてみよう。

そう、生物学の話は次の次の章から始めよう。その前に、次の章では、科学の話を少しだけしたい。それは生物学にとっても、重要なことだから。

現代の知識から
レオナルドを否定する
ことは簡単だけれど…
500年前に
よくぞここまで
考えたと僕は思うなぁ

第２章

イカの足は10本か？

科学は大きな川のように

生物学とは、生物に関係するものごとを科学的に調べることだ。ここで「科学的」という言葉を使ったが、この言葉には「客観的で揺るがない」とか「答えが一つに決まる」とかいうイメージがつきまとう。

しかし、科学では、決して一〇〇パーセント正しい結果は得られない。大きな川のように右や左にくねりながら、この世の真理（というものがあったとして）にゆったりと近づいていく。それでも、決して真理には到達することはない。それが科学というものだ。

でも、真理に決して到達することができないなら、科学なんかやる意味がないのではないだろうか。う〜ん、たしかにそういう考えもあるかもしれない。でも、とりあえず、私はそうは思わない。

たとえば、車を運転して会社に行くとしよう。あなたは信号が赤になったので止まった。しばらくすると青になったので、左右を確認してから前に進んだ。でも、何でそんなことをするのだろう。だって信号を守ったって、一〇〇パーセント安全なんてことはないのだ。

いくら交通ルールを完璧に守ったところで、決して一〇〇パーセントの安全が得られないのなら、守る意味なんかないのではないだろうか。

でも、おそらくあなたは、信号を無視して運転することはないだろう。交通ルールを守っても、たしかに一〇〇パーセントは安全にはならない。ならないけれど、かなり安全にはなるからだ。世の中は〇か一〇〇かのどちらかだけではない。中間がたくさんあるのだ。

もし交通ルールを守るのに意味があるなら、科学にも意味があるだろう。科学の結果は完璧には正しくないけれど、かなり正しいからだ。そして、歴史を振り返ればわかるように、科学はそれなりに成功を収めてきたのである。

しかし、なぜ科学では一〇〇パーセント正しい結果が得られないのだろうか。科学には、なにか欠陥でもあるのだろうか。生物学も科学なので、まずはそれについて考えてみよう。

一〇〇パーセント正しい演繹

科学で重要なことは、推論を行うことだ。推論とは次の例のように、根拠と結論を含む主張がつながったものである（ちなみにイカの足は腕と呼ぶ方が生物学ではふつうだけれど、ここでは足と書くことにする）。

（根拠）イカは足が一〇本である。
（根拠）コウイカはイカである。
（結論）したがって、コウイカの足は一〇本である。

さて、このような推論には、演繹（えんえき）と推測の二種類がある。演繹では一〇〇パーセント正しい結論が得られるが、推測では一〇〇パーセント正しい結論は得られない。しかし、科学では推測が重要だ。重要だが、まずは演繹から見ていこう。

前の三つの主張から成る推論は、実は演繹と呼ばれるものである。そして、この演繹は一〇〇パーセント正しい。なぜなら二つの根拠が成り立っていれば、必ず結論が導かれるからだ。こういう演繹を行っていれば、科学でも一〇〇パーセント正しい結果が得られそうだ。でも、残念ながら、そうはいかない。

科学は、新しい情報を手に入れようとする行為だが、演繹では、新しい情報は手に入ら

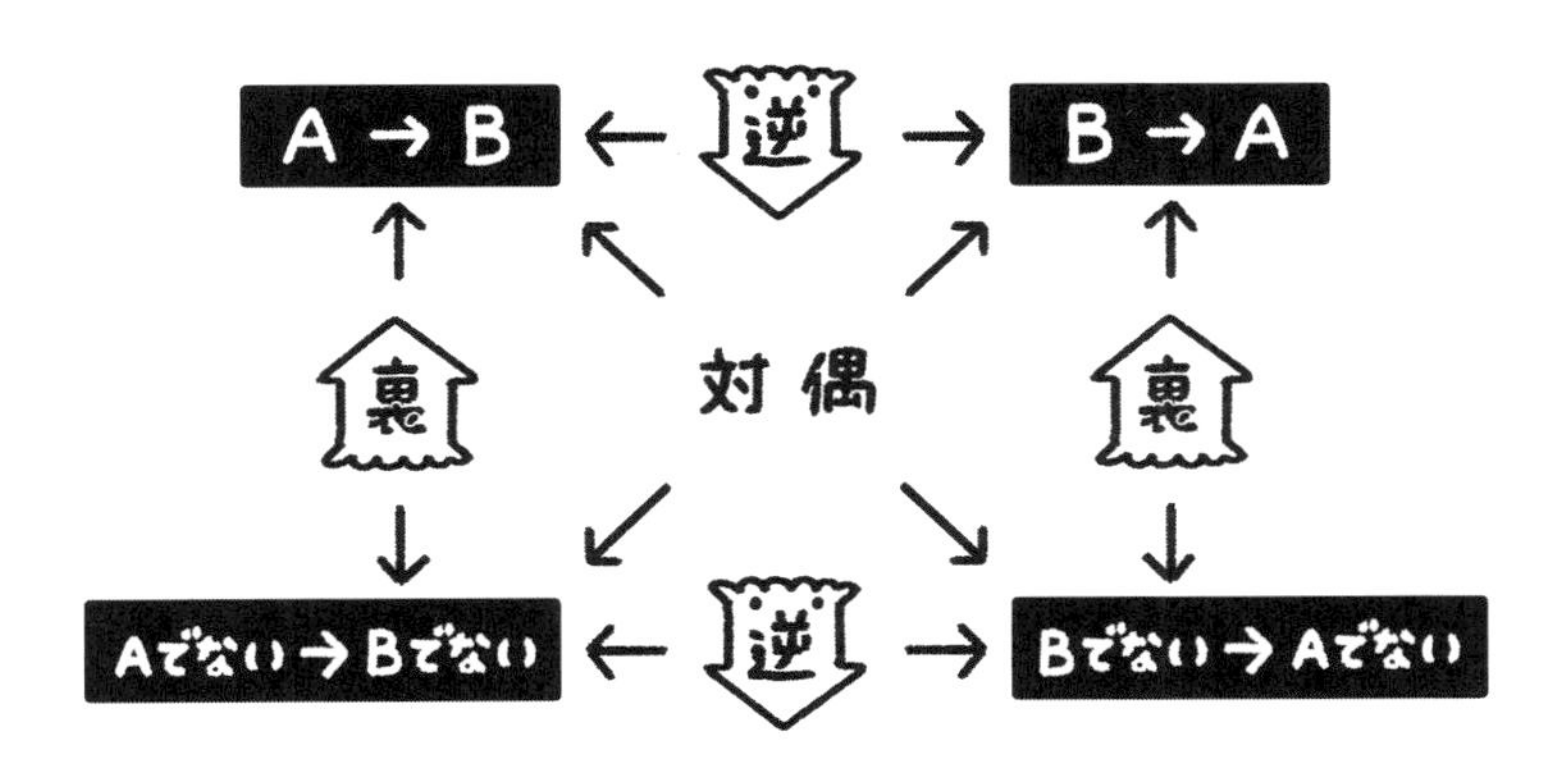

【図2-1 AならばB（A→B）という主張の逆・裏・対偶】

ないからだ。演繹をしても、情報は増えないのである。「根拠が成り立っていれば、必ず結論が導かれる」ということは、「結論（の情報）は、根拠（の情報）の中に含まれている」ということでもある。だから、いくら演繹を繰り返しても、知識は広がっていかないのだ。

科学の話に進む前に、「逆・裏・対偶」の説明も簡単にしておこう。たとえば、先ほどの演繹の最初の主張は、「イカは足が一〇本である」だった。

この主張の逆は「足が一〇本ならイカである」だ。ちなみに、エビも足が一〇本なので、この主張は正しくない。

裏は「イカでないなら足が一〇本でない」

だ。ちなみに、この主張も、エビは足が一〇本なので正しくない。

対偶は「足が一〇本でないならイカでない」となる。ちなみに、この主張は正しい。

この、逆・裏・対偶は、前頁のようにまとめられる【図2－1】。元の主張が正しくても、逆や裏が正しいとは限らないが、対偶は必ず正しい。

一〇〇パーセントは正しくない科学

正しい演繹なら結論は一〇〇パーセント正しい。しかし、結論は根拠の中に含まれているので、いくら演繹を繰り返しても知識は広がっていかない。

一方、推測の結論は一〇〇パーセント正しいとはいえない。しかし、結論は根拠の中に含まれていないので、推測を行えば知識は広がっていく。

たとえば（服は着ていたものとして）、「池に落ちた」という根拠から「服が濡れている」ことを結論するのは演繹だ。池に落ちれば、必ず服は濡れるからだ。つまり、「池に落ちた」ことを知った時点で、「服が濡れている」ことも同時に知ったことになるのだ。

そのため、わざわざ演繹を行って「服が濡れている」という結論を出したところで、周りの人からは「そんなこと知ってるよ。池に落ちたのなら、当たり前じゃないか」といわれてしまう。演繹を行っても、知識は広がらないのだ。

一方、「服が濡れている」という根拠から「池に落ちた」ことを結論するのは推測だ。服が濡れているからといって、池に落ちたとは限らないからだ。雨に降られたのかもしれないし、ホースで水をかけられたのかもしれない。だから推測を行って、「池に落ちた」という結論を出せば、周りの人からは「えっ、そうなの？　全然知らなかった」とかいわれる。推測を行えば、知識は広がるのだ。

科学では、必ず何らかの形で、この推測を使う。そして、よくあるケースでは、推測によって仮説を立てる。それから、この仮説を、観察や実験によって検証するのである。そして観察や実験の結果によって仮説が支持されれば、仮説はより良い仮説となる。だから、たくさんの観察や実験の結果によって、何度も何度も支持されてきた仮説は、とても良い仮説である。そういう仮説は、「理論」とか「法則」と呼ばれるようになる。しかし、どんなに良い理論や法則も、一〇〇パーセント正しいわけではないのである。それはなぜだろうか。

科学の手順にはいろいろあるけれど、今まで述べてきたように、次の二つの段階を踏む

【図2-2 コウイカ】

ものが多い。

（一）　仮説の形成
（二）　仮説の検証

それでは、まず（一）の仮説の形成を、コウイカというイカを例にして考えてみよう【図2－2】。コウイカというのは、カメの甲らに少し似ている殻を体内に持つイカで、脊椎動物を除けば、もっとも知能が高い動物である可能性が高い。

さて、あなたは「イカは海にすんでいて足が一〇本である」ことを（暗黙の前提として）知っているとする。そのうえで、あなたは「コウイカが海にすんでいる」ことを観察した。

そこであなたは、「コウイカは海にすんでいる」という証拠から、「コウイカはイカである」という仮説を立てたとしよう。

証拠	（コウイカは海にすんでいる）
仮説形成↓	
仮説	（コウイカはイカである）

あなたは、この仮説をどうやって立てたのかというと、証拠をうまく説明できるように仮説を立てたのだ。「コウイカはイカである」という仮説は（暗黙の前提としてイカは海にすんでいるので）「コウイカは海にすんでいる」という証拠をうまく説明できるのである。

ここで説明という言葉を使ったが、「説明する」とはどういうことだろうか。「コウイカはイカである」という仮説が「コウイカは海にすんでいる」という証拠を説明するというのは、「コウイカはイカである」が正しければ、「コウイカは海にすんでいる」も一〇〇パーセント正しいということだ。つまり、「説明する」というのは「演繹する」ということだ。

証拠	（コウイカは海にすんでいる）
仮説形成↑	↓説明（＝演繹）
仮説	（コウイカはイカである）

これで（一）の「仮説の形成」の手順は終わりである。次は（二）の「仮説の検証」の手順だ。

仮説を検証するには、仮説から新しい事柄を予測しなければならない。証拠として使った事柄とは別の事柄を、仮説から予測して、それが事実かどうかを確かめるのだ。これが検証である。もちろん新しい事柄は、仮説によってうまく説明できるものでなければならない。つまり、新しい事柄は、仮説から演繹されるものでなければならない。

たとえば、（暗黙の前提として）イカの足は一〇本なので、「コウイカはイカである」という仮説からは「コウイカの足は一〇本である」という新しい事柄が予測できる。

証　拠（コウイカは海にすんでいる）

仮説形成↑　↓説明（＝演繹）

仮　説（コウイカはイカである）

↓予測（＝演繹）

新しい事柄（コウイカの足は一〇本である）

さて、新しい事柄を予測したら、次は、新しい事柄が事実かどうかを確かめなくてはならない。観察や実験によって、新しい事柄が事実かどうかを確認するのだ。

あなたは実際にコウイカを観察して、「コウイカの足は一〇本である」ことが事実だと確認した。つまり、新しい事柄が事実であることを確認したので、仮説は実証された。つまり、仮説はより良い仮説となった。

証　拠（コウイカは海にすんでいる）
仮説形成↑　↓説明（＝演繹）
仮　説（コウイカはイカである）
検証↓　↑予測（＝演繹）
新しい事柄（コウイカの足は一〇本である）

さて、科学の典型的な手順を説明してきたが、それは、科学がどうしても一〇〇パーセントの正しさに到達できない理由を説明するためだった。その理由を右の図を見ながら考えてみよう。

科学の正しさというのは、要するに仮説の正しさのことである。右の図を見ると、仮説に向かう矢印は、仮説形成と検証だ。仮説を支えているのは、つまり仮説の正しさを保証するのは、仮説形成と検証なのだ。

ところが、仮説形成も検証も、論理の向きが演繹とは反対になっている。つまり、演繹の「逆」になっている。そして、さきほど述べたように、ある主張が正しくても、その逆は必ずしも正しくない。

科学では、仮説による説明や予測を演繹にしなければならないので、仮説の正しさを保証する仮説形成や検証が、どうしても演繹の逆になってしまう。だからどうしても、仮説に対して一〇〇パーセントの正しさを保証できないのである。

新しい事柄を知るためには、一〇〇パーセントの正しさは諦めなくてはならない。これは仕方のないことなのだ。それでも、私たちは知識を広げてきた。真理には到達できなくても、少しでも、そこに迫ろうとして。これから述べる生物学も、そんな科学の一部であることを、いつも頭の片すみに置いておくことにしよう。

1、2…ちゃんと10本ある？
あるわい

第3章

生物を包むもの

生物とは何か

私が子どものころは、電話といえば回転ダイヤル式の固定電話しかなかった。電話の前についている回転盤の穴に指を入れて、回転盤を回すタイプの電話だ。電話回線というコードに繋がっているので、持ち運ぶことはできない。そのころに「電話って、どんなもの?」と聞かれたら、子どもの私はどう答えただろうか。もしかしたら、「遠くの人と話せる持ち運べない機械」と答えたかもしれない。

しかし、今の子どもに「電話って、どんなもの?」と聞いたら、「遠くの人と話せる持ち運べない機械」とは答えないだろう。今では持ち運べない電話より、持ち運べる電話の方が多いからだ。

固定電話しか知らない人と、固定電話以外に携帯電話やスマートフォンも知っている人では、「電話とは何か」という質問に対する答えが違ってくる。知識が広がっていくにつれて、電話の定義は変わっていくのだ。

生物とは何か。その問いに答えることは難しい。なぜなら、現在の私たちは、地球の生物しか知らないからだ。

将来、地球外生命が発見されるかもしれない。そうすると私たちの知識は広がり、「生物とは何か」に対する答えは変わるはずだ。それを楽しみに待ちながら、この本では現在の知識で、「生物とは何か」を考えていこう。そして、これは大切なことだが、私たちの知識が不完全であることを、いつも心の片すみに留めておこう。

それでは現在の知識では、生物とはどのようなものだと考えられているのだろうか。多くの生物学者が認めている生物の定義とは、以下の三つの条件を満たすものである。

(一)　外界と膜で仕切られている。

(二)　代謝（物質やエネルギーの流れ）を行う。

(三)　自分の複製を作る。

意外と簡単な定義である。こんなもので生物が定義できるのは不思議な気がする。しかし、今のところ、この三つの条件をすべて持っているものは、生物しかいないのだ。

どんな膜で仕切ればよいか

生物の定義である三つの条件の（一）は、外界と膜で仕切られていることだ。すべての生物は細胞でできている。そして、すべての細胞は細胞膜で包まれている。だから（一）の「膜」は、具体的には細胞膜のことだと考えてよい。

ちなみに私たちの細胞は、細胞膜の他に、核を包む核膜やゴルジ体膜やミトコンドリア膜などいろいろな膜を持っている。小胞体は核膜とつながった膜で、その一部にはリボソームが載っている。これらの膜の構造も、すべて基本的に同じである。そこで細胞膜も含め、これらの膜を生体膜と呼んでいる【図3－1】。

さて、どうして生物は、膜で外界と仕切られる必要があるのだろうか。

（二）の代謝を行ったり、（三）の複製を作ったりするには、いろいろな化学反応が必要だ。膜で仕切られた内部なら、反応物質の濃度を高めることができるので、いろいろな化学反応を効率的に行うことができる。したがって、代謝や複製のためには、膜で仕切られた内部が理想的な環境なのだろう。

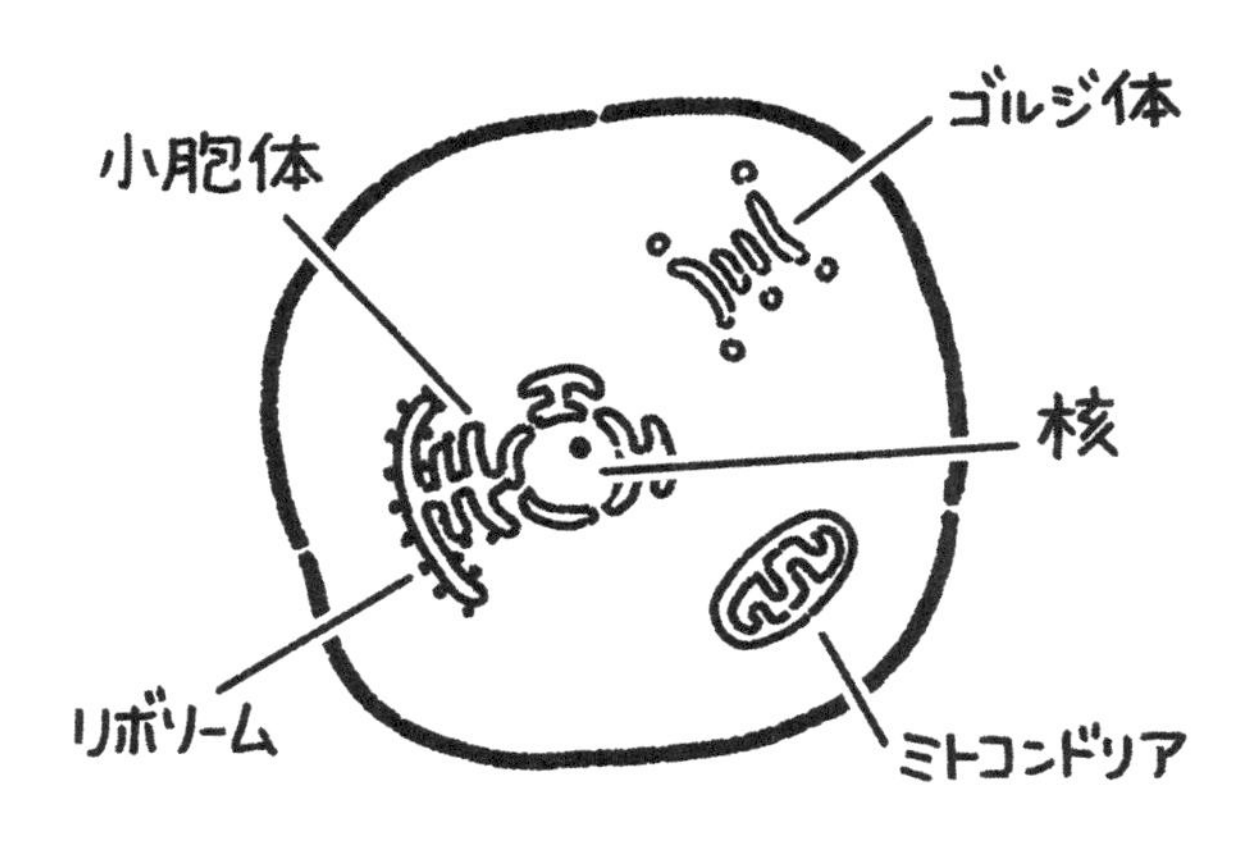

【図3-1 私たちの細胞には生体膜がある】

それでは実際に、どんな膜で仕切ったらよいかを考えてみよう。

生物は水中で誕生したと考えられている。それにはいくつか理由があるが、その一つは化学反応が起きやすいからだ。たとえば、イカを乾燥させてスルメにすると、腐りにくくなる。これは水分が減って、腐敗の化学反応が進みにくくなるからだ。したがって、体内の水分が多く、化学反応のかたまりといってもよい生物は、水中で誕生したと考えられるのである。

水中に仕切りを作るには、水に溶けないもので作るしかない。水に溶けないものといえば脂(あぶら)である(一般に液体のものを油(あぶら)、固体のものを脂という)。しかし、脂は水に弾かれるので、

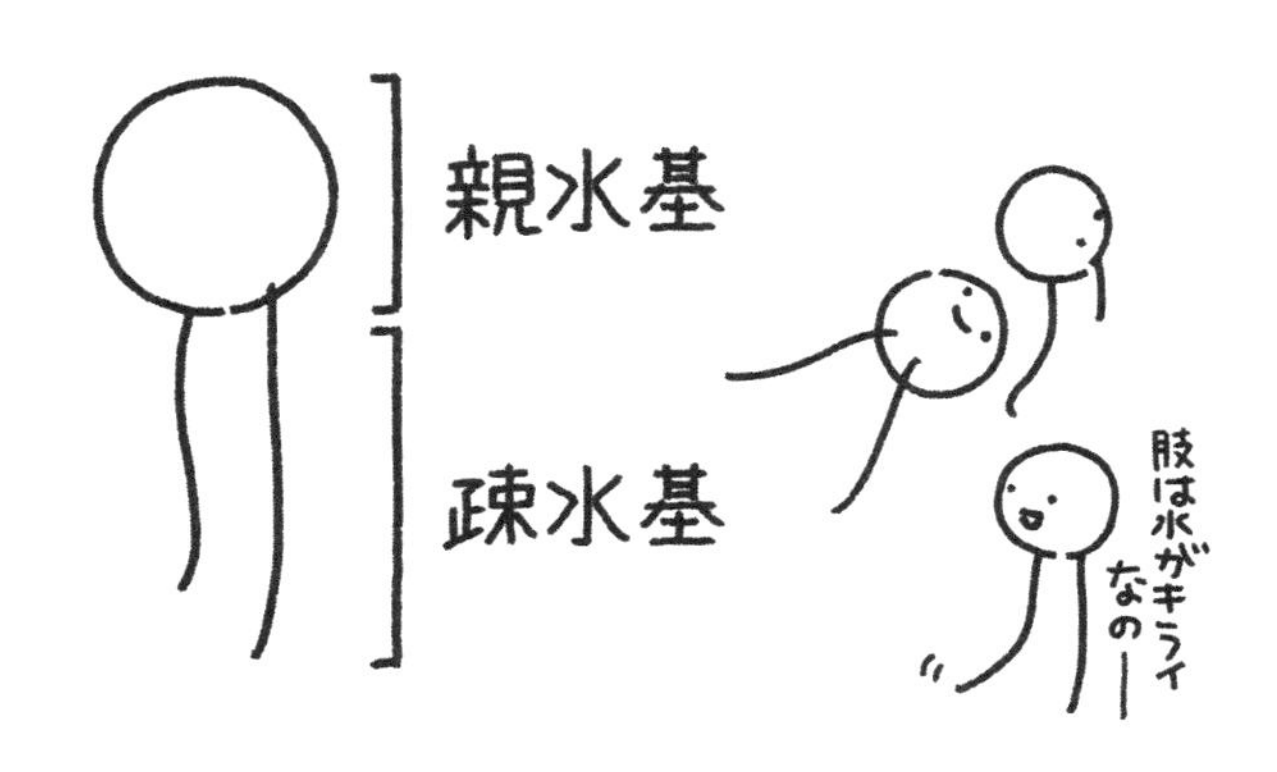

【図3-2 リン脂質】

水面に押し出されてしまう。でも生物は、化学反応が起きやすい水中にいたい。では、どうするか。

疎水性（水に弾かれる性質）の脂で仕切りを作り、その両側を親水性（水になじみやすい性質）の物質でコーティングすれば、よいのではないだろうか。そうすれば、疎水性の部分が仕切りの役目を果たすが、仕切りの表面は親水性なので水中にいられる。

これにぴったりの物質が、両親媒性分子だ。両親媒性分子とは、一つの分子の中に、親水性の部分（親水基）と疎水性の部分（疎水基）を両方とも持っているものだ。実際に生体膜に使われている両親媒性分子はリン脂質といい、肢（あし）が二本のタコのような形をしてい

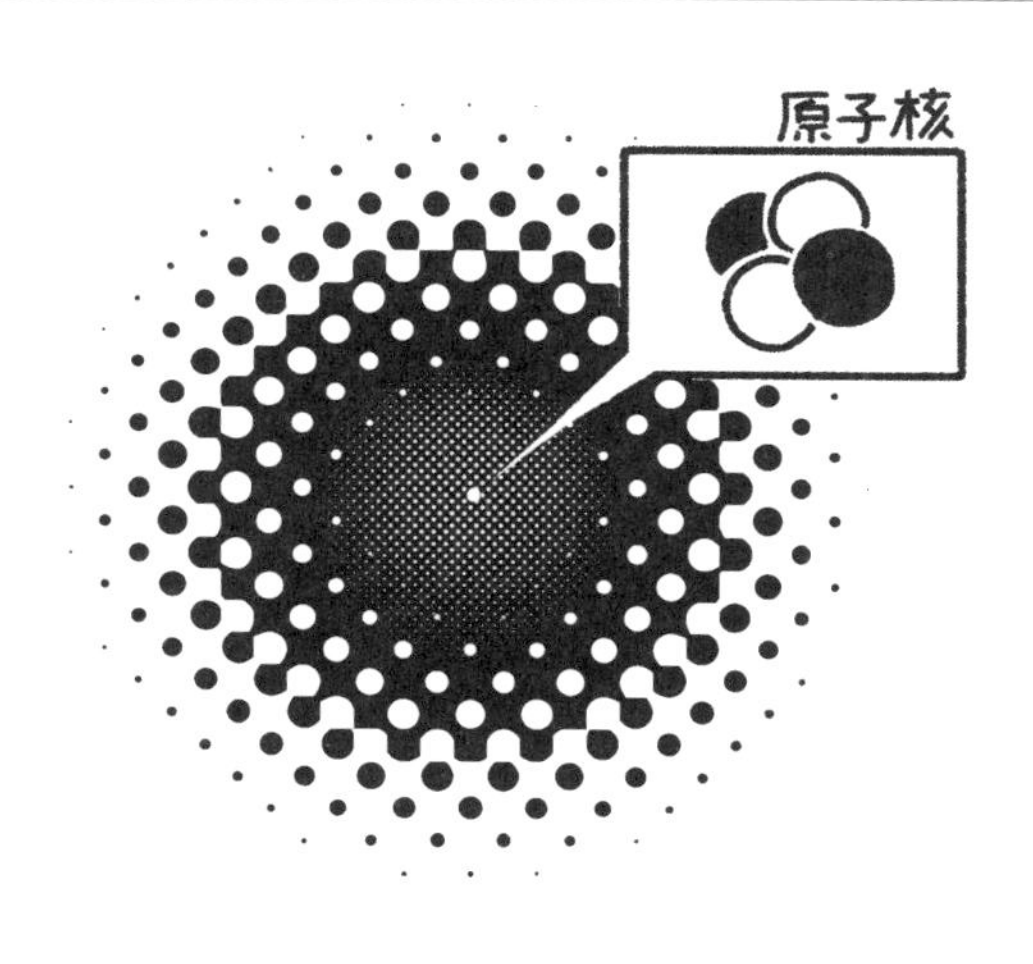

【図3-3 原子の構造】

る【図3-2】。タコの頭が親水基で、肢が疎水基だ（基とは原子がいくつか結合したもので、分子の一部となっている）。

さて、この世にある物質は、小さな原子からできている。その原子は、プラスの電気を持つ原子核と、マイナスの電気を持つ電子からできている。原子核は原子の中心にあり、プラスの電荷を持つ陽子と、電荷を持たない中性子という粒子がいくつか集まったものである。しかし、電子は（形の決まった粒子というよりは）原子核の周りにぼんやりと広がる雲のようなイメージだ【図3-3】。だから、電子雲と呼ばれることもある。分子は原子がいくつか結合したものだが、同じイメージで考えてよい。いくつかの原子核を電子雲が包

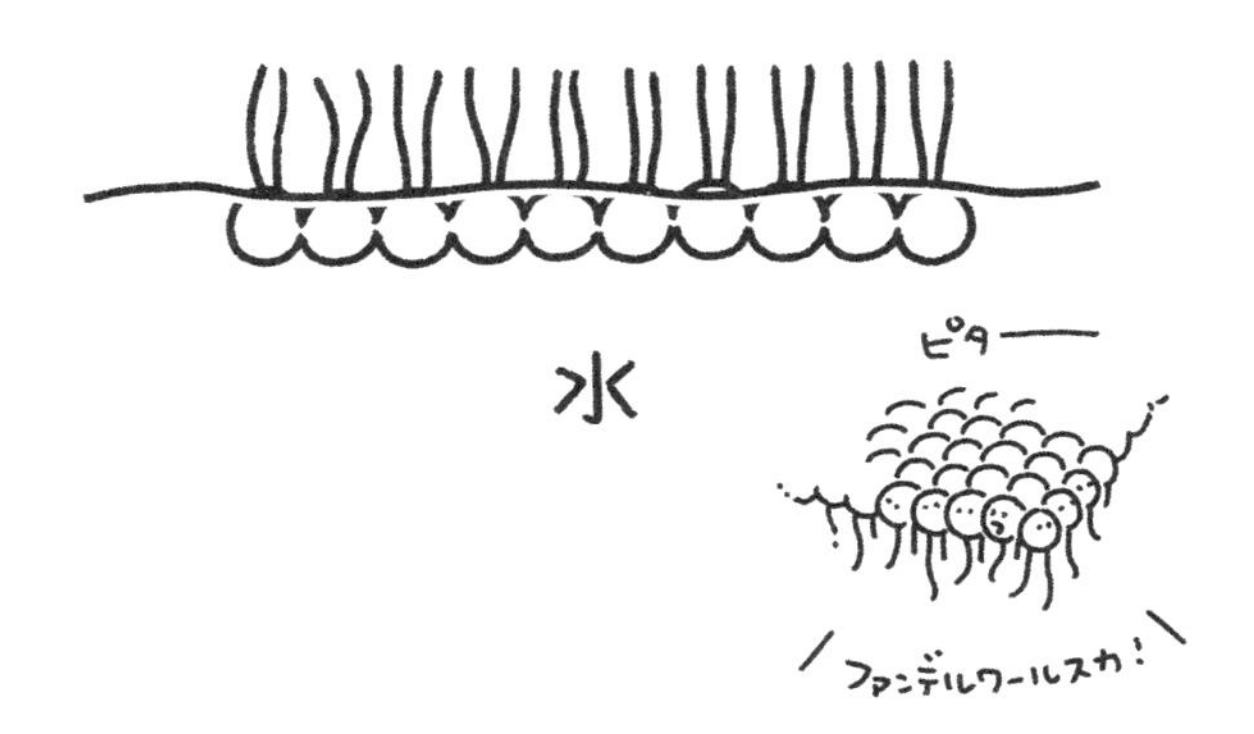

【図3-4 水中で集まったリン脂質】

んでいるイメージだ。この電子雲は、いつもフワフワと揺らいでいる。

多くの原子や分子では、原子核のプラスの電荷（物体が持つ電気量）と電子のマイナスの電荷が等しいので、相殺されて全体では中性（電荷がゼロ）になっている。

しかし、電荷に偏りのない中性の原子や分子であっても、ある瞬間にはプラスの電荷の中心とマイナスの電荷の中心がずれることがある。そういうときに、原子間あるいは分子間に働く電気的な力を、ファンデルワールス力という。

リン脂質が水中にたくさんあると、リン脂質同士で集まる性質がある。このとき、リン脂質は、ファンデルワールス力で集まるのだ。

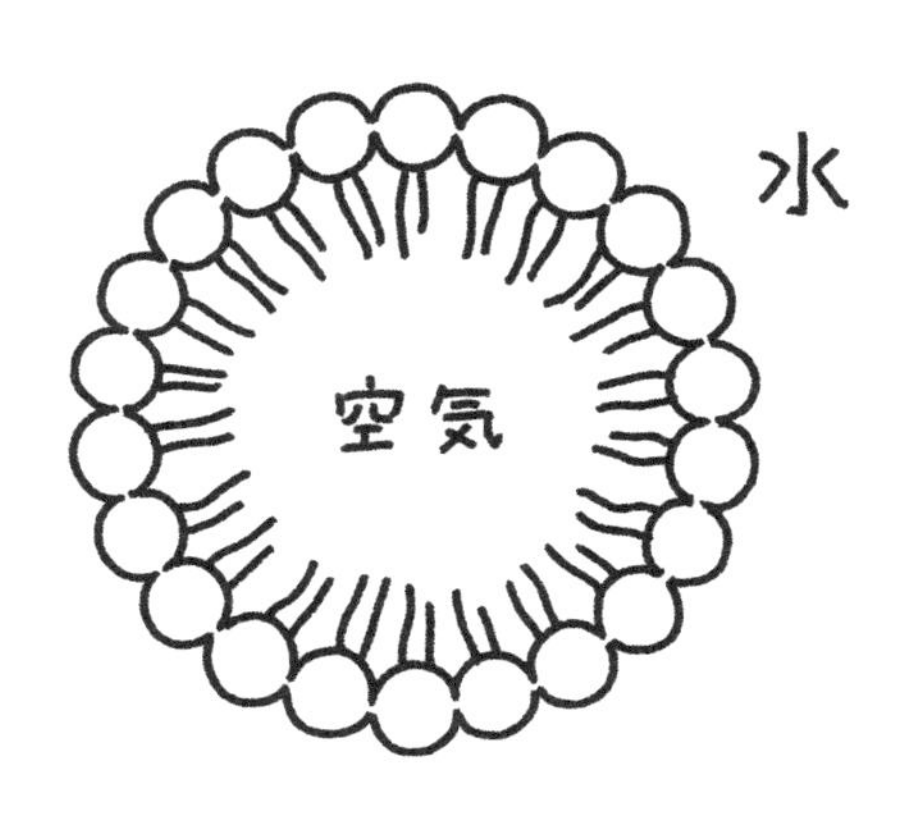

【図3-5 ミセル】

水中で集まったリン脂質は、いろいろな形をとる。水中に頭を突っ込んで、肢を水面から上に突き出した状態で並ぶこともある【図3-4】。あるいは、水中で頭を外側に向け、肢を内側に向けて、ボールのような形に集まることもある。これはミセルと呼ばれる【図3-5】。とにかく水に触れるのは親水基だけにして、疎水基は水に触れないように並ぶわけだ。

ミセルはボールのような形で、リン脂質が外界と内部を仕切っている。だがミセルでは、細胞は作れない。細胞はその内部で化学反応を行うのだから、内部が水でなくてはいけない。ミセルの内側には疎水基が突き出しているので、内部を水で満たすわけにはいかない。

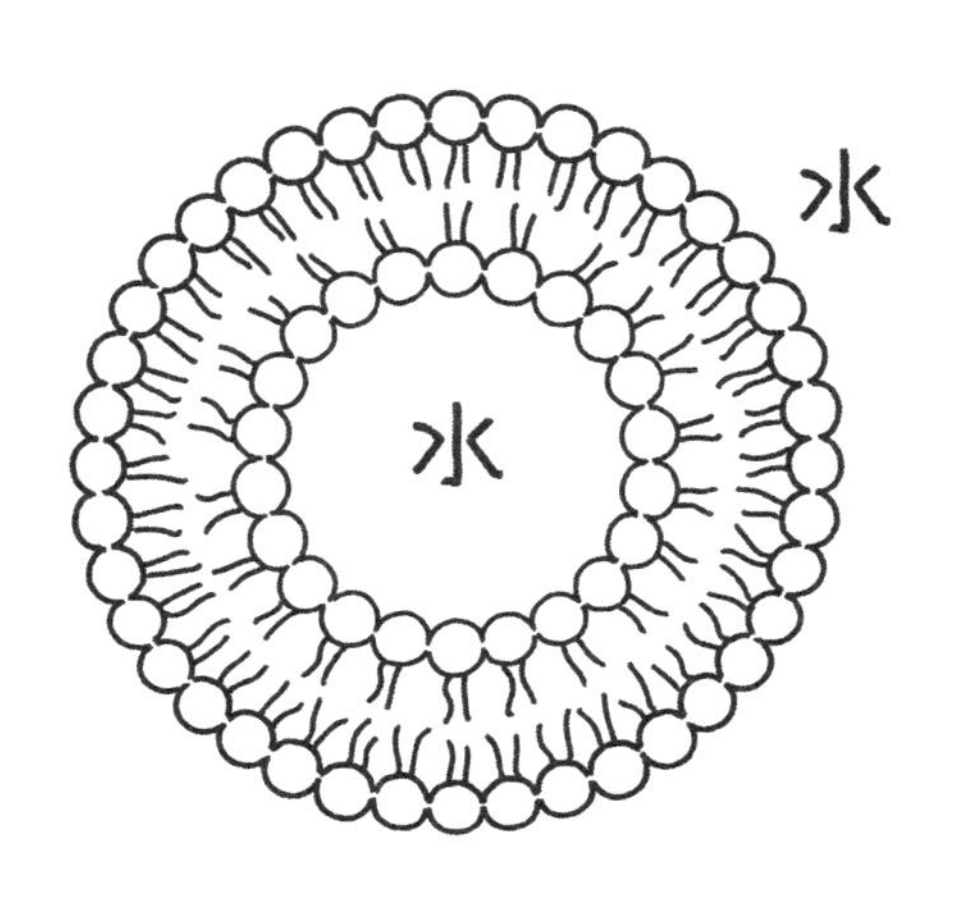

【図3-6 ベシクル】

ミセルの内部には空気などが入る。

　では、内部も水にするには、どうしたらよいだろうか。それには、リン脂質を二重膜にすればよい。肢と肢を向かい合わせにして二重膜を作れば、ボールの外側にも内側にも親水基を出すことができる。こういう構造をベシクルという【図3－6】。ベシクルは中身が空っぽ（といっても水は入っているが）の細胞といってもよい。

　こういう両親媒性分子のベシクルは、実験で簡単に作ることができる。

　身近なベシクルの例としては、シャボン玉がある。つまりシャボン玉も、両親媒性分子の二重膜でできている。ただし、細胞は水中のベシクルだが、シャボン玉は空気中のベシクルだ。シャボン玉の両親媒性分子は頭と頭を向かい合わせにして二重膜を作っているので、シャボン玉の外側にも内側にも疎水基が突き出ている。だから、シャボン玉は、外側も内側も空気である。こういうベシクルを逆ベシクルと呼ぶこともあるが、膜の性質は共通だ。

ふつうのシャボン玉だとすぐに割れてしまうが、洗剤に糊（のり）などを混ぜて割れにくくしたシャボン玉だと、指を刺しても割れないことがある。指を刺したまま、スーッと指を横に動かすこともできる。実際の細胞膜には、たくさんのタンパク質が刺さっている。そのタンパク質は細胞膜の中を水平に移動できるが、シャボン玉に刺した指を動かすと、そのことが実感できる。これは両親媒性分子が、膜の中を自由に動けるためである。また、シャボン玉はとても柔らかくて、一つのシャボン玉がちぎれて二つのシャボン玉になることもある。まるで細胞分裂みたいだ。これらは、たとえばゴム風船には、とてもできない芸当である。

細胞膜にはドアがある

細胞は生きている。生きているからには、細胞の中の環境を一定にしなくてはいけない。もしも、外界が変化するたびに、細胞内も同じように変化していては、生きていくことはできない。つまり細胞は、家のようなものだ。冬になればストーブをつけ、夏になればクーラーをつけて、家の中の温度を外界ほどは変化させないようにする。雨が降っても、雪が降っても、屋根や壁がそれらを防いでくれるので、家の中は晴れた日とほとんど変わらない。このように屋根や壁や、そして細胞膜は、外界に対して閉じていなくてはならない。

でも、細胞が生きていくには、栄養をとったり排せつ物を出したりすることも必要だ。家だってそうだ。食べものを運び入れたり、ゴミを出したりしなければ、暮らしていけない。だから家には、屋根や壁だけでなく、ドアもある。普段は閉じているけれど、必要なときにはドアを開けて、ものを出し入れするのだ。細胞も家も外界に対して、開きっ放しでもダメだし、閉じっ放しでもダメなのだ。

細胞膜はリン脂質が二重になった膜（リン脂質二重層）だが、そこにはたくさんのタンパク質が刺さっている（実際には、タンパク質が直接刺さっているのではなく、タンパク質の周りを境界脂質がクッションのように取り巻いている）。実は、これらのタンパク質がドアで、リン脂質二重層が壁に当たる。

もっとも、壁といっても、細胞膜は何も通さないわけではない。通すものもあれば、通さないものもある。細胞膜は、表面は親水基でコーティングされているけれど、大部分は疎水基でできている。そのため、疎水性の物質は通りやすく、親水性の物質は通りにくい。

また、細胞膜を通りやすいかどうかは、電荷の有無にも関係している。通常の原子は、プラスの電荷を持つ陽子とマイナスの電荷を持つ電子の数が同じなので、原子全体としてはプラスとマイナスが打ち消し合って、電荷を持たない。ところが、電子の数が少し増えたり、あるいは減ったりすることがある。そうすると全体としては、プラスかマイナスのどちらかの電荷を持つようになる。このような電荷を持つ原子のことをイオンという。

このイオンは水に溶けやすく、ほとんど細胞膜を通らない。しかし、イオンは細胞が生きていくうえで、重要な働きをしている。そのため、外界とイオンのやりとりをするときには、ドアを使うことになる。

【図3-7 膜タンパク質の働き】

ドアの働きをするのは膜に刺さったタンパク質で、膜タンパク質と呼ばれる。膜タンパク質には、いろいろなものがあるが、その一つにポンプがある。すべての生物は、エネルギー源としてアデノシン三リン酸（ATP）という分子を使っている。ポンプはATPと結合してエネルギーをもらい、そのエネルギーを使って強制的にイオンを輸送する（能動輸送という）。

たとえばナトリウムポンプ（ナトリウム－カリウムATPアーゼともいう）という膜タンパク質は、ATP一分子のエネルギーを使って、ナトリウムイオン三分子を細胞内から細胞外へ輸送し、カリウムイオン二分子を細胞外から細胞内へ輸送する【図3－7】。

また、チャネルという膜タンパク質もある。チャネルはＡＴＰと結合しないので、エネルギーは使わない。蓋（ふた）を閉じたときはイオンを通さないが、蓋を開けたときはイオンのただの通り道になる。イオンはどちら向きにも流れることができるが、実際にはチャネルの外側の環境によって、流れる向きが決まる。つまり、イオン濃度の高い方から低い方へと流れることになる（受動輸送という）。ナトリウムイオンを通すナトリウムチャネルやカリウムイオンを通すカリウムチャネルなどがある。

さらに、物質ではなく情報を運ぶ、受容体（レセプターともいう）と呼ばれる膜タンパク質もある。まず、受容体の細胞外に出ている部分に、物質が結合する。この、受容体に結合する物質をリガンドという。リガンドが結合した受容体は、構造が変化する。その結果、受容体の細胞内に出ている部分も、構造が変化する。その構造変化がシグナルとなって、何らかの情報を細胞内に伝えるのである。

たとえば、ＥＧＦＲ（上皮成長因子受容体）という受容体がある。ＥＧＦ（上皮成長因子）というタンパク質のリガンドが、ＥＧＦＲの細胞外に出ている部分に結合すると、反対側のＥＧＦＲの細胞内に出ている部分に、リン酸基（$H_2PO_4^-$）が付加されてリン酸化される。これが最初のシグナルとなり、それから細胞内で順々にシグナルが伝達され、最終的には核内にシグナルが伝えられて、細胞分裂が起きるのである。

細胞膜は何十億年も進化していない

これまで述べてきたように、細胞膜は、化学反応のかたまりである生物と外界を、水の中で仕切るためにぴったりの膜である。しかも、細胞が生きていくためにいろいろなドアをつけることもできる、非常に便利な膜でもある。これだけでも、生物が仕切りとして細胞膜を使っている理由は、十分納得できる。しかし、どうもこれだけではなさそうなのだ。

細胞膜に関しては、不思議なことがある。それは、細胞膜が何十億年ものあいだ、ほとんど進化していないことだ。その根拠は、現在地球にすんでいるすべての生物が、細胞膜としてリン脂質二重層を使っていることだ。つまり、現在のすべての生物の共通祖先が生きていた遥(はる)かな昔から、基本構造が変わっていないのだ。リン脂質二重層には、よほどよいことがあるとしか考えられない。

ちなみに、実は細胞膜の一部に、リン脂質二重層を使っていない例もある。たとえば、植物細胞では、リン脂質の代わりに糖脂質を使うことがある（糖脂質とは名前の通り、糖を

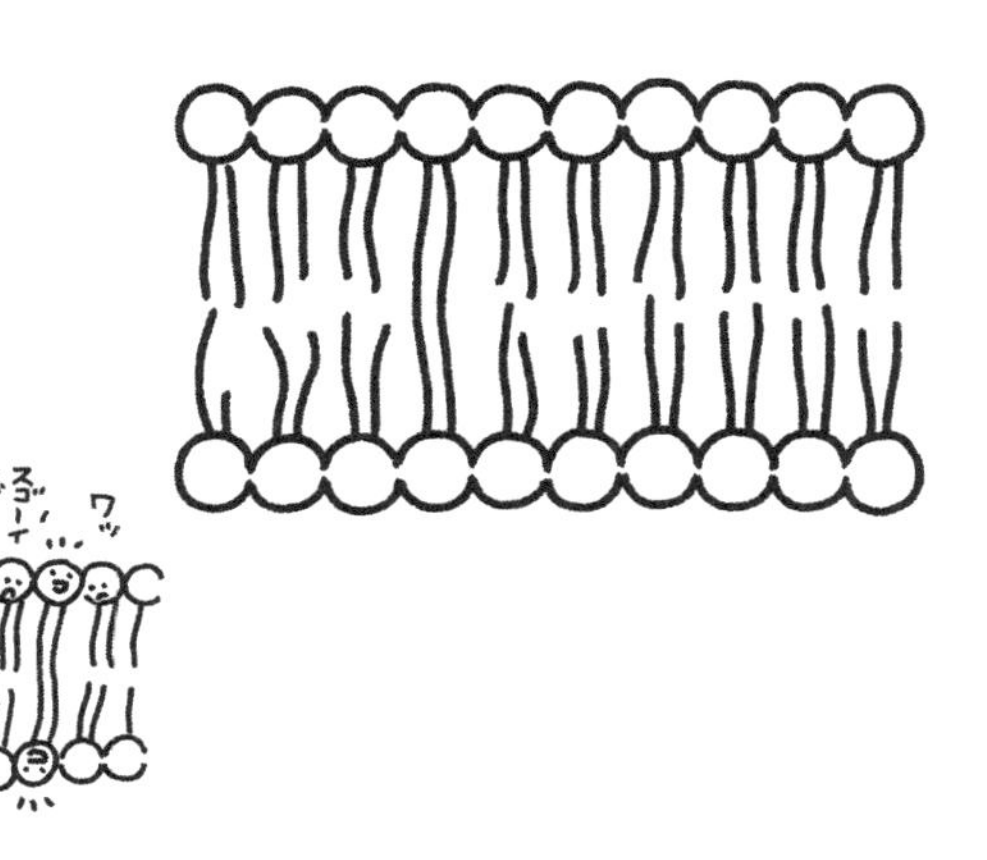

【図3-8 テトラエーテル型脂質】

含んだ脂質である)。理由はよくわからないが、リンが手に入りにくい環境の場合は、糖脂質を使えばリンの節約になるのではないか、という意見もある。

また、アーキア(110頁)という細菌に似た生物の一部では、二つのリン脂質を肢の先端でつなげた構造のテトラエーテル型脂質を使っている。だから、この部分だけは、脂質一重層になっているのである【図3－8】。

この脂質一重層は、海底の熱水噴出孔のような高温環境への適応だと説明されることもある。高温になるとリン脂質の熱運動が激しくなり、リン脂質同士をつなげているファンデルワールス力を上回ってしまう。そのため、二つの層のリン脂質同士を、強い共有結合でつなげてしまったテトラエーテル型脂質を使うようになった、というのである。とはいえ、高温環境にいないアーキアの中にも、テトラエーテル型脂質を持つものがいるので、はっきりとした理由はまだわからない。しかし、このテトラエーテル型脂質を持つ細胞膜であっても、大部分は通常の脂質二重層だ。脂質二重層の一部が脂質一重層になっているだけだ。だから、膜全体の性質は、通常の脂質二重層とほとんど変わらないだろう。

このように、すべての生物が、ほぼすべての細胞膜に、リン脂質を使っている。生物はいろいろなところにすんでいるのだから、そこの環境に適応したいろいろな細胞膜が進化したってよさそうなものだ。それなのに生物は、かたくなにリン脂質二重層を細胞膜として使っている。生物を外界と仕切りながら物質の出入りもある、いわば閉じつつ開いている膜としては、リン脂質二重層はぴったりなのだろう。リン脂質二重層は、生命活動になくてはならない土台なのである。

第4章

生物は流れている

私たちと自動車が似ているところ

私たちは、運動すれば、おなかが空く。運動で消費したエネルギーを、食べ物で補充しなければいけないからだ。自動車だって同じである。自動車を走らせればエネルギーを消費するので、エネルギー源であるガソリンを入れなければいけない。

でも、私たちは、何もしなくても、おなかが空く。勉強なんかしなくても、仕事なんかしなくても、家でゴロゴロしているだけで、おなかが空く。自動車でも似たようなことはある。たとえ自動車が止まっていても、エンジンが回っていれば、ガソリンは減っていく。

しかし、自動車は、エンジンを止めればガソリンは減らない。いつまでも、ガソリンは減らない。これは私たちには、ちょっと真似ができない。でも、真似ができる生物もいる。

分子生物学の研究室では、しばしば大腸菌を冷凍保存する。大腸菌を培養している液に一〇パーセントほどグリセロールを混ぜる。そうすると、冷凍しても、大腸菌の細胞の中に、氷の結晶ができない。

冷凍してから十年以上経っていても、解凍すれば、再び大腸菌はよみがえる。大腸菌は死んでいなかったのだ。まるで、エンジンを止めた自動車みたいだ。

とはいえ、冷凍保存されている状態を、生きているといえるかどうかは微妙である。そこで、ここでは、冷凍保存されていない状態の生物について、つまり、いわゆる生きている状態の生物について、考えていくことにしよう。

私たちと自動車が似ていないところ

さて、前章で述べた生物であることの三つの定義は、(一)仕切り(二)代謝(三)複製、であった。このうちの二番目の代謝は、「生物の体におけるエネルギーと物質の流れ」のことである。生物の体の中では、エネルギーと物質が流れているわけだ。すぐ前で述べたように、エネルギーの流れについては、生物と自動車は似ている。では、物質の流れについてはどうだろうか。

自動車の場合は、エネルギーが流れるだけで、物質は流れない。いや、たしかにガソリンは物質だ。しかし、ガソリンはエネルギー源として使うだけなので、ここではエネルギーに含めよう。純粋な物質、つまり車体などは、自動車が走っても変化しないのだ。

一方、生物の体の中では、エネルギーだけでなく物質も流れている。少し汚い話だが、私たちの大便は、栄養を吸収された食べ物の残りカスだけではない。その固形成分の三分の一は、小腸から剥がれた細胞だ。エネルギー源としての食べ物だけでなく、私たちの体そのものである細胞も、毎日私たちの体の中から流れ出ていくのである。

では、どうして小腸の細胞は剥がれてしまうのだろうか。それは、小腸の中が、細胞にとって過酷な環境だからだ。

小腸の中にはバクテリアがたくさんすんでいる。いわゆる腸内細菌だ。その数は、数百兆匹と見積もられている。腸内細菌の九九パーセント以上は大腸にすんでいるが、とにかく数が多いので、小腸にもかなりの数の腸内細菌がすんでいると考えられる。そのすさまじい数のバクテリアが、消化されかけた食物の中にうようよしている。はっきりいって、不潔きわまりない環境だ。

しかも小腸には筋肉があり、食べ物を肛門の方へ送るために、うごめくような運動をしている。その中で、さまざまな栄養を吸収するのは、なかなか大変な仕事である。その最前線で頑張っているのが、小腸上皮細胞だ。

このような過酷な環境で忙しく働かなければならないので、小腸上皮細胞の寿命はとても短い。だいたい五日、最前線で働ける期間は一日ともいわれている。そして、その短い生涯を終えると、体外へ排出されてしまうのである。

つまり私たちは、毎日、体の一部を外へ捨てている。これでは、私たちの体は、どんどん小さくなってしまう。しかし、実際には、私たちの体の大きさは、(成人になれば)あまり変わらない。ということは、私たちは毎日、体を捨てる一方で、体を作ってもいるわけだ。この点では、私たちは、自動車と似ていない。私たちの体の中では、エネルギーだけでなく、物質も流れているのである。

生物の体は物質の流れ

生物の体には、いつも物質が流れ込み、そして流れ出ていく。しかし、その流れの速さは、場所によって異なる。

私たちの体の一番外側は、表皮である。表皮はいくつかの層に分けられるが、一番深いところにあるのが基底層である。基底層では盛んに細胞分裂が起きており、ここでできた細胞が表層に向かって押し出され、一番外側の角質層に達すると、剥がれ落ちる。いわゆる垢（あか）である。この表皮の細胞の寿命は数週間である。

表皮の下には真皮がある。真皮の細胞の寿命は長く、数年である。そのため、真皮の細胞はなかなか入れ替わらない。体に入れ墨をすると、一生消えない。それは色素を、表皮を貫いて真皮まで注入するためだ。色素の粒子のうち、小さなものは排出される。しかし、大きなものは、細胞が入れ替わっても排出されないので、その場に残る。そのため、入れ墨はだんだん薄くはなるが、一生消えないのである。

一方、生物の体の中には、入れ替わらない部分もある。たとえば、ホタテ貝やサザエなどの軟体動物の貝殻は入れ替わらない。死ぬまでずっと同じ材料のままだ。分子レベルで見ても、同じ分子のままだ。

とはいえ、生物の体の多くの部分は、いつも入れ替わっている。だから、私たちの体も、十年も経てば、かなりの部分は入れ替わってしまう。十年前のあなたは、もういない。今のあなたのほとんどの部分は、新しい材料でできているのだ。それなのに、あなたはあなたのままである。全体の形もあまり変わらない。何だか生物って不思議なものだ。

このように、流れの中で形を一定に保つ構造を散逸構造という。ロシア出身のベルギーの物理学者、イリヤ・プリゴジン（一九一七〜二〇〇三）が提唱した構造だ。プリゴジン

は、この散逸構造の研究で、一九七七年にノーベル化学賞を受賞している。

生物は平衡状態ではない

あなたの目の前に、水の入ったグラスがある。しばらく見ていても、グラスの中には何の変化も起こらない。水の量も変わらない。こういう状態を、平衡状態という。

しかし、何の変化も起きていないのは見かけだけで、分子レベルでは動的な状態、つまり分子が活発に動き回っている状態である。液体中の水分子の一部は、空気中へ飛び出す。空気中の水分子の一部は、液体の水に飛び込む。飛び出す数と飛び込む数が同じなので、見かけ上は何も起きていないように見える。これが平衡状態である。

平衡状態は動的な状態だが、そこに流れはない。流れとは、たとえば川の水のようなものだ。川の水分子の中には、上流に向かって動くものもある。しかし、下流に向かって動く水分子の方が、圧倒的に多い。したがって、全体的に見れば、川の水分子は下流に向かって動いているといえる。これが流れである。

一方、グラスの水の場合は、飛び出す数と飛び込む数が同じである。したがって、全体的に見れば打ち消し合って、流れにはならないのである。

さらに、平衡状態の場合は、エネルギーの流れもない。たとえば、グラスも水も、周囲の空気も、同じ温度だったとする。その場合、平衡状態にあるグラスの水面付近に、外部からエネルギーは流入してこないし、外部へ流出もしていない。

平衡状態は、見かけ上、何も起こらない状態である。そのため、平衡状態は「死の世界」と呼ばれることもある。明らかに生物は、平衡状態ではない。生物には流れがある。エネルギーや物質が流入して、生物の体を作り、そして流出していく。つまり、生物は、生きているあいだは形がほとんど変わらないにもかかわらず、非平衡状態なのである。

生物は散逸構造である

ガスコンロの炎はだいたい楕円形(だえん)で、先が細くなった形をしている。しばらく見ていても、炎の形は変化しない。しかし、変化しないのは見かけだけで、分子レベルでは動的な状態にある。ここまでは、平衡状態のときと同じである。でも、この先が違う。炎は非平衡状態にある。炎の場合は、物質にもエネルギーにも流れがあるのである。

炎が一定の形をしていられるのは、エネルギー源としてガス（主成分はメタン）が供給され続けているからだ。ガスはコンロの中から出て、（酸素と結合して、二酸化炭素と水になって）空気中へ広がっていく。この炎のように、流れがある非平衡状態なのに、定常状態（形が変化しない状態）である構造を「散逸構造」という。

ここで簡単に、「散逸」という言葉について説明しておこう。エネルギーにはいろいろな形がある。たとえば運動エネルギーだ。床を転がるボールは、運動エネルギーを持っている。でも、転がっていくうちに、だんだん速度が遅くなって、ついには止まってしまう。これは、ボールの運動エネルギーが、床との摩擦によって、摩擦熱に変化してしまうためだ。つまり、運動エネルギーが熱エネルギーに変化したわけだ。

ところが、この逆の現象は起こらない。止まっているボールが、床から熱エネルギーを集めてきて、ひとりでに転がり始めることはないのである。

このように、エネルギーの変化には向きがある。運動エネルギーだけでなく、いろいろなエネルギーが熱エネルギーに変化するが、その逆は起こらない。このように向きが決まっていて、逆向きが起こらない過程を、不可逆過程という。そして、いろいろなエネルギーが熱エネルギーに変化する不可逆過程のことを、「散逸」というのである。ガスコンロの場合は、メタンの中に蓄えられていたエネルギー（具体的にはメタン分子の中の原子同士の結合エネルギー）が、炎の熱エネルギーに散逸したのである。

もちろんガスコンロには、エネルギーの出入りがある。散逸構造とは、非平衡なのに定常状態であるもののことだ。別の言葉でいい換えれば、流れがあるのに形が変化しないもののことだ。散逸構造の例としては、ガスコンロの炎の他に、海の潮の変わり目にできる渦や、台風や、そして生物がある。プリゴジンも生物が散逸構造の例であることには気づいていて、いろいろと考察している。

なぜ生物は散逸構造なのか

生物の三つの定義のうちの一つは、代謝があることだった。では、なぜ、生物は代謝を行うのだろうか？　もし、その問いに対して、「それは生物が散逸構造だからである」と答えれば、それは一応答えにはなっている。散逸構造をしているものには、必ずエネルギーや物質の流れがあるからだ。では、なぜ、生物は散逸構造をしているのだろうか？

散逸構造をしていることが、生物の本質でないことは明らかだ。なぜなら、台風やガスコンロの炎など生物以外で散逸構造をしているものもあるからだ。

前章で私は、「私たちの知識が不完全であることを、いつも心の片すみに留めておこう」と書いた。私たちには、わからないことがたくさんある。ということは、もしかしたら、「なぜ、生物は散逸構造をしているのだろうか？」という問い自体が、間違っている可能性はないだろうか。

あなたが宝くじで一等を当てたとしよう。まさに奇跡である。そこで、私はあなたに、「なぜ、あなたは一等を当てられたのですか？」と聞いた。あなたは何と答えるだろうか。もしかしたら、あなたは「宝くじを買ったからです」と答えるかもしれない。まあ、それはそうだろう。そもそも宝くじを買わなければ、当たることもないからだ。でも、やっぱり、それは答えになっていない。だって、宝くじを買った人の大部分は、当たっていないからだ。

多分、本当の答えはないのだ。あなたが一等に当たったのは、毎日神様にお祈りしたからでもなく、あなたの行いが良かったからでもなく、たまたま当たっただけなのだ。たまたま奇跡が起きたのだ。

散逸構造をしているものはたくさんある。その中で、生物は奇跡的に複雑で、奇跡的に長い期間（約四十億年）存在し続けてきた。でも、それは偶然だったのかもしれない。散逸構造をしているものの中で、一番複雑で長生きなものが、生物と呼ばれるようになっただけかもしれないのだ。

もちろん、本当のところはわからない。でも、ここで立ち止まらずに、歩き続けよう。歩いていくうちに、わかってくることもあるかもしれない。生物学というものにゴールはないのだから。

第5章

生物のシンギュラリティ

人類は人工知能に滅ぼされる？

人工知能（Artificial Intelligence：略してＡＩ）という言葉をよく聞く。人工知能が将棋でプロ棋士と対戦したり、大学の入学試験を受験したりして、話題になっているし、多くの企業でも人工知能が導入され、仕事の一部を行うようになってきた。アメリカの有名な新聞「ワシントン・ポスト」では、すでにＡＩが選挙報道の記事を書いているし、日本の新聞でもＡＩが活用され始めている。

一方で、人工知能の発展に不安を持つ人々もいる。近い将来、人工知能が人間の能力を超えるのではないか。そして、人間の仕事は、人工知能などの機械に奪われてしまうのではないか、というのである。

そういう意見の中でもっとも極端なものが、「シンギュラリティが来る」という意見だ。シンギュラリティは技術的特異点と訳されるが、今までのルールが使えなくなる時点のことだ。具体的には「人工知能が、自分の能力を超える人工知能を、自分で作れるようになる時点」のことである。そして、シンギュラリティが訪れれば、人類は終焉（しゅうえん）を迎えるかもしれないというのである。

もしも人工知能が、自分より賢い人工知能を作れるとする。すると、新しく作られた人工知能は、また自分より賢い人工知能を作る。その新しい人工知能が、さらに賢い人工知能を作る。この過程を繰り返せば、とんでもなく賢い人工知能が、あっという間に出現する。

仮に、能力が一の人工知能が、能力が一・一の人工知能を作れるとしよう。このサイクルを一〇〇回繰り返せば、能力が一万を超える人工知能ができるのである。そうなれば、もはや人類は人工知能に太刀打ちできない。人類は人工知能に征服されて、もしかしたら絶滅させられるかもしれない。そういう可能性もあるということだ。

思い返せば、私が大学生だった一九八〇年代も、人工知能がブームだった。そして、人工知能はすぐにできて日常生活を一変させる、といった話をよく聞いた。でも、そうはならなかった。だから、まだシンギュラリティも、それほど心配しなくてよいのかもしれないけれど。

その一方で、すでに起きてしまったシンギュラリティもある。それは、生物のシンギュラリティである。

怠け者の発明

あるところに、怠け者で有名な男がいた。男は農家の子どもだった。親からは、大人になったら農業をするようにいわれていたし、男もそのつもりでいた。

さて、男は大人になると農業を始めた。しばらくは真面目に働いていたものの、仕事が面倒でたまらない。もともと怠け者なのだから、当然といえば当然だ。そこで男は考えた。

「私の代わりに、田畑で働いてくれるロボットが作れないだろうか。もしも、そんなロボットがいたら、私は一日中、家で寝ていられるのだが」

男はその計画を実現させるために、ロボットを作り始めた。幸運なことに、男にはそちらの才能があったらしい。ついに、田畑で働いてくれる農業ロボットが完成した。

ロボットは朝になると、家を出て田畑に行く。そこで昼間働いて、夕方になると家に戻ってくる。男は幸せだった。なぜなら一日中家で寝ていられるからだ。

ところが、男の幸せは長くは続かなかった。ひと月経つと、ロボットが壊れてしまったのだ。男は修理しようとしたが、どうしても直らない。そこで仕方なく、また最初からロボットを作ることにした。そして再びロボットが完成し、男の幸せな日々が復活した。

ところが、そのロボットも、ひと月経つと壊れてしまった。仕方ないので、男はまた新しくロボットを作った。そんなことが繰り返される日々が始まった。

しばらくは一日中寝ていられて幸せなのだが、ひと月経つとロボットを作らなくてはならない。それが面倒でたまらない。そこで男は考えた。

「私の代わりに、ロボットを作ってくれるロボットが作れないだろうか。もしも、そんなロボットがいたら、私は一日中、家で寝ていられるのだが」

男はその計画を実現させるために、新型のロボットを作ることにした。農作業をする機能だけでなく、ロボットを作る機能もつけ加えたのである。

新型のロボットは、ひと月経つと新しいロボットを作って、それから壊れた。だから、もう男は何もしなくてよかった。農作業もロボットがしてくれるし、新しいロボットもロボットが作ってくれるのだ。男は一日中、家で寝ていられて幸せだった。

幸せな男はとくにやることもないので、毎月作られるロボットを観察してみた。すると、それらのロボットが、少しずつ違うことに気がついた。一応、同じロボットを作るように設計したつもりなのだが、完全に同じコピーを作るのは無理なのだろう。

たとえば、書類をコピー機でコピーすれば、字が少しかすんでしまう。コンピューターによるデジタルデータのコピーだって、ものすごく低い確率だが、必ずミスが起きる。この世に完璧なコピーは存在しないのだ。

だから、毎月作られる農業ロボットも、少しずつ違う。農作業が少しだけ速いロボットも、少しだけ遅いロボットもあった。三十日で壊れるロボットも、三十一日で壊れるロボットもあったのだ。でも、大したことではないので、男は気にもしなかった。

実際、これは大したことではなかった。性能が一のロボットが作ったロボットの性能が、一・一になるか〇・九になるかはだいたい同じ確率だった。だからロボットの性能は、高くなったり低くなったりした。したがって、ロボットが急激に変化することはなかったのだ。

このようにして、少し違ったロボットが毎月作られているうちに、ひょんなことから、ロボットを二体作るロボットができてしまった。ところが、男の家には、ロボットを動かす燃料は一体分しかない。

「これは困ったことになったぞ。どちらか一体しか動かせないが、どうしたものだろう?」

しかし、男が悩む必要はなかった。この問題は、自然にロボット同士で解決してしまったからだ。

燃料タンクには毎日、一体分の燃料しか入っていない。ロボットは、毎日農作業が終わって家に戻ると、その燃料タンクから、自分で燃料を入れることになっていた。そのため、農作業が早く終わったロボットが、先に家に戻って燃料を入れてしまう。すると、もう一体のロボットは燃料を入れることができない。そのため、燃料切れになったロボットは、もう農作業はできず、家の隅に転がったままになった。

そんなことが繰り返されていくうちに、あっという間にロボットの農作業はものすごく速くなった。性能が一のロボットが作ったロボットの性能が、一・一になるか〇・九になるかはだいたい同じ確率だ。しかし、生き残れるのは性能が高いロボットだけだ。したがって、ロボットの性能は、どんどん高くなっていく。仮に、毎月性能が一・一倍になったとすれば、一年で性能は（一・一の一二乗＝三・一三八だから）三倍以上になる。四年も経てば、三・一三八の四乗だから、なんと一〇〇倍ぐらいだ。ロボットは、急速に変化していった。

そして十年後……もはやロボットの能力は、怠け者の男をはるかに上回っていた。そのうえ、もう男の言いなりにはならなかった。農作業もしなくなった。家もロボットがすみやすいように改造されてしまった。ロボットを壊そうとすれば、逆にロボットの方が襲いかかってくる。なにしろ、もうロボットの方が賢いし、強いのだ。男は泣く泣く、家を出ていった。

でも、話はこれで終わらない。ついにロボットは、自分で燃料を採掘するようになり、ロボットの数はどんどん増えていった。とはいえ、作られたロボットのすべてが生き残ったわけではない。ロボットは毎月二体のロボットを作るのだから、すべてが生き残ったら、三年で六〇〇億体を超えてしまう。だから、生き残れるのは性能がよいロボットだけだ。そのため、ロボットはどんどん増えて、どんどん賢くなって、とうとう地球全体を支配するに至った。もはや人間の姿は、どこにも見当たらなかった。

シンギュラリティとしての自然選択

前述の作り話でも、シンギュラリティを考えることができる。シンギュラリティは、いつ起きたのだろうか。農作業をするロボットができた。それから、一体のロボットが、一体の複製を作るようになった。このころまでは、怠け者の男は幸せだった。男がロボットをコントロールできていたからだ。

ところが、一体のロボットが二体の複製を作るようになって、状況は変わった。二体のロボットのうち、性能のよい方が生き残るようになったので、ロボットの性能が爆発的に向上し始めたのである。そして男には、ロボットをコントロールすることができなくなってしまった。

つまり、二体の複製を作り始めたときが、シンギュラリティだ。ではなぜ、この時点でシンギュラリティが起きたのだろうか。それは自然選択が働き始めたからである。

自然選択について、少し説明しておこう。自然選択が働くための条件は、以下の二つである。この二つの条件が揃えば、必ず自然選択が働き始めるのだ。

（一）　遺伝する変異があること。
（二）　大人になる数より多くの子どもを産むこと。

ここで、キリンを例にして考えよう。仮に、首の長いキリンの方が首の短いキリンよりも、たくさんの木の葉を食べられるとする。つまり、首が長い方が生きるために有利だと仮定するわけだ。

さて、（一）における「変異」は「同じ種の中の違い」という意味なので、この場合は首の長さの違いである。もし、首の長さが遺伝しなければ、首の長さに自然選択は働かないということだ。まあ、それはそうだろう。自然選択が働くためには、首の長さが遺伝することが必要なのだ。

ただ、首の長さが遺伝するにしても、完全に遺伝することはまずない。首がふつうより一メートル長い親から生まれた子どもの首が、やはり一メートル長かったとしよう。この場合は、遺伝率が一〇〇パーセントであるという。しかし、実際の遺伝率は二〇パーセントとか四〇パーセントとか、そんな値だ。首がふつうより一メートル長い親から生まれた子どもの首は、平均すれば数十センチメートル長いだけだろう。でも、それでよいのだ。

遺伝率が〇パーセントでなければ、たとえ一パーセントであっても、自然選択は働くのである。

（二）も、自然選択が働くためには不可欠の条件だが、つい忘れがちだ。前述の作り話も、一体のロボットが一体のロボットを作っているあいだは、自然選択は働かなかった。ロボットを二体作るようになって、突然自然選択が働き始めたのである。

実は自然選択には、有利なロボットを増やす働きはなく、不利なロボットを除く働きしかない。だから、一体のロボットが一体のロボットを作っているあいだは、燃料が足りるので、ロボットはすべて生き残れる。だから、自然選択は働かない。しかし、一体のロボットが二体のロボットを作るようになると、燃料が足りなくなり、除かれるロボットが出てくる。だから、自然選択が働き始めたのである（細かいことをいえば、生まれる子どもが平均一人以下でも、自然選択が働く場合がある。それは、たとえば総人口が減っているケースだ。このケースでは、たとえ子どもが一人以下でも、（二）の条件〔大人になる数より多くの子どもを産むこと〕が満たされる場合がある）。

自然選択は生物の条件

私たちの地球では、およそ四十億年前に生物が生まれたと考えられている。しかし、たとえ生物（のようなもの）が生まれても、自然選択が働かなければ、生物が存在し続けることはできなかったはずだ。

作り話の中のロボットでも、一体のロボットが一体のロボットを作っているあいだは、そのサイクルがいつ途切れてもおかしくない。ロボットが農作業をしているときに地震が起きれば、落ちてきた岩にぶつかって、ロボットが壊れるかもしれない。そうなれば、もう次のロボットは作れないので、ロボットの系統はここで終わりである。

いや、たとえロボットが一〇〇体あっても、それ以上ロボットの数が増えなければ、話は同じである。事故などで一体ずつ壊れていけば、いつかはロボットの数が〇になってしまう。だから、ロボットが存在し続けるためには、ロボットは増えなくてはいけない。

しかし、増えるだけでは、やはり長くは続かない。すべてのロボットがまったく同じ性能を持っている場合は、全滅しやすいからだ。もしロボットが水に弱かったら、雨が降ればお終いだ。たとえロボットが何万体いようが、大雨が降れば全滅してしまう。

全滅しないためには、いろいろなロボットがいる必要がある。そのためには、少し不正確な複製を作ればよい。そうすれば、いろいろなロボットが作られるので、中には少しだけ水に強いロボットもあるに違いない。そして、その変化が次のロボットに受け継がれれば、もっと水に強いロボットも生まれてくる。そうなれば、大雨が降っても大丈夫だ。つまり、遺伝する変異があればよいということだ。

この時点で、自然選択が働く条件は、二つとも満たされてしまう。この時点が、ロボットにおけるシンギュラリティだ。きっと、ロボットは改良され始め、どんどん多様化し、地球に満ちるまで増えることだろう。

以上は架空の話だが、かつて地球に生命が生まれたときにも、同じことが起こったはずだ。地球は広いし、時間はたっぷりある。生命のようなものは、きっと何度も生まれたことだろう。そして、生まれては消えていったのではないだろうか。でも、あるとき、シンギュラリティが起きた。生命のようなものの一つに、自然選択が働き始めたのだ。その生命のようなものは、一気に複雑になり、どんどん多様化し、ついには地球に満ちた。

生物の定義の三つ目は、「自分の複製を作る」ことだった。でも、正確にいえば、「(大人になる数より多くの）自分の複製を作る」ことだ。そのおかげで生物は、四十億年ものあいだ、生き続けてきたのである。

第6章

生物か無生物か

代謝をしない生物はいるか

第3章から第5章にかけて、生物のおもな三つの特徴について考えてみた。それらをまとめて、検討してみよう。とくに逆の面から、つまり、それらの特徴がない生物を想像してみよう。

では、代謝から検討しよう。言葉を換えれば、生物は非平衡状態なのに形が変わらない、ということを検討するわけだ。

まずは簡単な復習から。仮に南極に、何年も形の変わらない大きな氷があったとする。この氷の表面からは、つねに水分子が空気中に飛び出している。そして同じ数の空気中の水分子が、つねに氷の表面に結合している。そのため、見かけ上は、氷の形が変わらない。

このような平衡状態では、物質やエネルギーの出入りがすべての場所でつり合っている。そのため、見かけ上は、物質にもエネルギーにも動きはないので、「死の世界」と呼ばれることもある。したがって、平衡状態なら、形が変わらなくて当たり前である。

ところが、生物では、物質やエネルギーが動いている。たとえば、私たちの小腸の壁

（腸壁）では、物質の出入りはつり合っていない。小腸の中から腸壁を通って毛細血管に入る物質の方が、出る物質より多い。したがって、物質は腸壁の中を一方向に流れていく。このように、生物には、物質やエネルギーの流れがあるので、つまり代謝があるので、非平衡状態である。ところが、生物は、非平衡状態なのに形が変わらない。こういう構造を散逸構造という。十年前の私たちの体と、今の私たちの体では、ほとんどの物質が入れ替わっているのに、形は（成長期がすぎていれば、あまり）変わらないのである。

運動している物体は運動エネルギーを持っている。しかし、どうしてもその一部は、地面との摩擦や空気の抵抗によって、熱エネルギーに変化してしまう。熱エネルギーになってしまうと、もはや、そのすべてを回収して運動エネルギーに戻すことはできない。このように、物質が持ついろいろなエネルギーが、不可逆的（元に戻せないこと）に熱エネルギーとして失われることを散逸という。

私たちは、おもに食事という形で化学エネルギーを体に入れる。その多くは熱エネルギーとして体から出ていく。私たちは、体に取り入れたエネルギーを、熱エネルギーに散逸させながら生きているのだ。そのためには、食事や排せつのように、物質も入れたり出したりしなくてはならない。つまり、私たちは、物質とエネルギーの流れの中で生きている散逸構造なのである。

さて、第5章では、農業ロボットが人類を滅ぼすという架空の話をした。この農業ロボットは複製能力を持つ例として描いたのだが、代謝をするかどうかも検討してみよう。

農業ロボットは自分で燃料を入れて動く。したがって、ロボットの体についている燃料の入り口では、燃料という物質の流れがある。しかし、これは、ロボット全体から見れば、ほんの一部である。農業ロボットの体は金属でできている（ことにしよう）ので、何もしないで放っておいても、形は変わらない。物質やエネルギーを絶えず流し込まなければ、形が維持できないということはない。そこが、ガスコンロの炎のような散逸構造との違いである。どちらかというと、ロボットは自動車のようなものに近い。そして自動車のことは散逸構造とはいわない。つまり、農業ロボットの体は散逸構造ではないので、生物のような代謝はしないのだ。

地球は農業ロボットに支配され、人類は絶滅してしまった。そんな地球に、どこか他の星から宇宙人がやってきたら、農業ロボットを生物だと思うだろうか。

農業ロボットは、毎月複製を作りながら、地球上に広く分布して活動している。宇宙人と（もしも言葉が通じるなら）会話もできる。もしも宇宙人が地球を征服しようとすれば、農業ロボットは（かつて人間に歯向かったときのように）抵抗するだろう。どう考えても、農業ロボットは生物みたいに思える。でも、農業ロボットは生物の定義である代謝をしないのだ。

複製を作らない生物はいるか

第5章では、農業ロボットに自然選択が働き始めた（二体のロボットを作り始めた）時点を、シンギュラリティと考えた。自然選択が働き始めたとたんに、農業ロボットの能力は爆発的に向上したからだ。

現実の生物でも、自然選択は非常に重要だ。地球の環境はつねに変化する。たとえば、気温が摂氏二〇度から〇度になったとしよう。そのとき、生物が変化しなければ、つまり二〇度に適応したままならば、生物は寒くて絶滅してしまうだろう。

また、自然選択が働かずに、ただやみくもに変化するだけでも困る。気温は二〇度から〇度に変化したのに、生物の方は二〇度に適応したものから四〇度に適応するように変化したら、やはり寒くて絶滅してしまう。

環境の変化に合わせるように、いや正確には環境の変化を追いかけるように、生物を変化させられるのは、自然選択だけである。もし自然選択が働いていれば、気温が二〇度から〇度になったら、生物は二〇度に適応したものから多分一〇度ぐらいに適応したものに変化できる。そして時間が経てば、〇度に適応したものも現れてくるだろう。環境の変化よりは少し遅れるものの、自然選択は環境の変化を追いかけるように、生物を変化させることができるのである。

さらに、もう一つ、自然選択にはよいところがある。地球の環境は、場所によって異なる。赤道直下は暑いし、南極は寒い。熱帯多雨林には雨が多いが、砂漠では少ない。そんないろいろな環境に適応していけば、生物はさまざまな種に多様化していくだろう。

つまり、自然選択によって、生物は多様化しつつ、環境の変化に合わせるように変化していく。そうなれば、環境の変化についていけずに一部の生物が絶滅することはあっても、すべての生物が絶滅することは滅多にないだろう。実際に地球では、およそ四十億年もの長きにわたって、生物は生き続けてきたのである。こんなに長く生き続けてこられたのは、自然選択のおかげなのだ。

しかし、これは、環境がかなり変化する地球での話である。もしも環境が一定で、ずっと変わらない惑星だったら、どうなるだろうか。

自らのエネルギーで輝く太陽のような星を恒星という。そして、恒星には、寿命の長いものと短いものがある。

恒星は水素などを原料にして、核融合反応（原子核同士が融合する反応）で輝いている。大きい恒星の方が、水素がたくさんあるので、寿命が長そうに思えるが、そうではない。大きい恒星は、中心部の圧力が高くなるので、温度が高くなり、核融合反応が速く進む。そして、水素をどんどん消費するので、大きい恒星ほど寿命が短いのである。

私たちの太陽は比較的寿命の長い恒星だが、もっと質量が小さい恒星の中には、太陽の一〇〇～一〇〇〇倍ぐらいの寿命を持つ恒星もあると考えられている。

自らは輝かずに、恒星の周りを回る天体を惑星という。地球も太陽の周りを回る惑星だ。さて、太陽よりもずっと寿命の長い恒星の周りを回る惑星があれば、その惑星の環境はとても安定していて、長いあいだ変化しないかもしれない。

どんな恒星も、少しずつ温度が上がり、少しずつ大きくなっていく。太陽だって、例外ではない。地球ができたころの太陽の明るさは、現在の七〇パーセントぐらいだったといわれている。しかし、寿命が長い恒星なら、その変化はとてもゆっくりしたものになる。そのため、惑星に届くエネルギーも、長期間にわたって一定になり、惑星の環境は安定したものになるかもしれない。

もっとも、そういう寿命の長い恒星は、放出するエネルギーも少ないので、惑星に届くエネルギーも少ないだろう。だから、惑星で生物が活動するためのエネルギーが少なくて、生物が長く生き続けるには不利かもしれない。とはいえ、惑星が恒星に近ければ、それなりの量のエネルギーが惑星に届くかもしれない。また、惑星側にも、いくつかの条件が必要だろう。たとえば、地球のように自転軸が傾いていると、季節が生まれるので環境は一定にならないし。

まあ、あまり具体的なことを考えても仕方がないが、おそらく地球より環境が一定な惑星は存在するだろう。そこで生まれた生物は、同じ姿のままいつまでも生き続けて、もしかしたら複製を作らないかもしれないのだ。

ガスコンロを点けっぱなしにしておくのは危ないけれど、もしも、とても頑丈なガスコンロがあって、それに少しずつ、しかし絶え間なくガスが送り込まれていれば……その場合は、ガスコンロが長期間にわたって炎を出し続けることが可能だろう。もしかしたら、何百年も何千年も、いや、もっと長いあいだ炎を出し続けることだって、できるかもしれない。つまり、環境が一定で、かつ絶え間なくエネルギーが送り込まれていれば、炎のような非平衡状態をいつまでも続けることができる。炎を燃やし続けることが、できるのだ。

このような単純な散逸構造を長いあいだ存続させることができるなら、複雑な散逸構造を長いあいだ存続させることも、不可能ではないはずだ。そうであれば、生物のような複雑な散逸構造が、長期間にわたって生き続けることだって、できるのではないだろうか。

あるいは、複製は作るけれども、自然選択は働かないケースも考えられる。たとえば、シンギュラリティに達する直前の、農業ロボットのようなケースだ。農業ロボットは、ひと月経つと新しいロボットを一つ作って、それから壊れた。ロボットは複製を作るけれども、一つしか作らないので、自然選択は働かない。もし、環境に何も変化がなければ、このシステムは永遠に続くだろう。

もしかしたら、この宇宙のどこかには、自然選択と無関係な生物が、いや複製さえ作らない生物が、生きているかもしれないのである。

仕切りのない生物はいるか

二〇一七年の夏に発生した台風五号は、観測史上一位タイとなる長寿の台風で、十九日間も存在し続けた。この台風五号は和歌山県に上陸したあと、ゆっくりと北上を続け、岐阜県から長野県にかけた山脈にぶつかって、二つに分裂した。

台風は典型的な散逸構造の一つである。周囲からエネルギーを吸収しながら、渦巻き状の一定の形を保ち続けている。そのあいだはずっと、物質とエネルギーが台風の中を流れる非平衡状態が続くのだ。したがって、台風は代謝をしているともいえる。

そして台風は、二〇一七年の台風五号のように、分裂して複製を作ることもある。そう考えると、台風は、生物のおもな三つの特徴のうち、二つを満たしていることになる。

さて、もしも、何十年も何百年も存在し続ける台風があったとしたら、どうなるだろうか。地球では無理だけれど、宇宙のどこかの惑星では、発生した台風が周囲からずっとエネルギーを吸収し続けて、何百年も存在し続ける（代謝をし続ける）かもしれない。高い山脈にぶつかったりすれば、ときどき分裂もするだろう。

さて、その惑星では、台風はどのように変化していくだろうか。

もしかしたら、その惑星では、分裂しやすい台風が増えていくかもしれない。分裂しやすければ、ちょっとした山脈にぶつかっただけで分裂する。すると、結果的に分裂する回数が増える。つまり、分裂が速くなる。分裂が遅い台風より、分裂が速い台風の方が、自然選択によって、すばやく惑星の上に広がるはずだからだ。

ただし、これは、分裂しやすいという性質が、新しくできた台風に受け継がれる場合だ。

台風には、そういう遺伝するしくみがあるとは考えづらいので、自然選択は働かないかもしれない。その場合は、同じような台風が増えていくだけだろう。この惑星の台風を「生物」と呼ぶのには少し抵抗があるけれど、まあ「生物みたいなもの」と呼ぶぐらいは許されるのではないだろうか。

このように、台風には、代謝と複製という特徴は、一応ある。しかし、外界との仕切りはないのである。

地球の生物は富士山のようなもの

以前に静岡県の沼津市に泊まったことがある。朝起きて、町を歩いていた私は、びっくりした。富士山が、ものすごく大きく見えるからだ。東京から見る富士山とは、迫力がまったく違う。まるで別の山みたいだった。

地球の生物は、この沼津市から見る富士山のようなものではないだろうか。私たち人間よりあまりに大きくて、まったく違う、かけ離れた存在だ。

でも、山は富士山だけではない。地面が出っ張っていれば山だと考えれば、山はほとんど無数にある。誰が見ても立派な山だというものもあれば、山と呼んでよいかどうか意見が分かれる山もあるだろう。低くてほとんど平地と変わらない山もあるかもしれない。そう考えれば、山と平地は連続的なものともいえる。

でも富士山は、誰が見てもはっきり山だとわかる。同じように地球の生物も、はっきり生物だとわかる。しかし、山だか平地だかわからない山があるように、宇宙のどこかには、生物だか無生物だかわからないものもいるだろう。もしかしたら、どう見ても生物みたいなのに、地球の生物の三つの特徴を持たないものもいるかもしれない。あるいは、地球のインターネット上にも、生物みたいなものが生まれるかもしれない。そうなると、何が生物かさえ、わからなくなる。生物と無生物も分けられなくなる。

私は生物を定義することはできないと思うけれど、地球の生物を定義することはできると思う。次の章からは地球の生物の話を始めるけれど、地球の生物の奥には、なんだかよくわからない、広大な生物の世界が広がっていることも、ときどき思い出すことにしよう。

インターネット上に
生物?!

たしかに…
もうすでに
ウイルスも存在してるし…

第７章

さまざまな生物

ミドリムシは動物か植物か

ミドリムシという生物がいる。学名はユーグレナで、そのユーグレナという名前で栄養補助食品としても売られている。

ミドリムシは鞭毛(べんもう)を波打たせて泳ぐし、体を変形させて動くこともできる。まるで動物みたいだ。その一方で、ミドリムシは葉緑体を持っており、光合成をすることができる。まるで、植物みたいだ。そのため昔は、ミドリムシはいったい動物なのか植物なのかと、悩む人もいたようだ。

しかし、なぜミドリムシが動物か植物か迷うのかというと、それは、生物には動物と植物しかいないと思っているからだろう。でも、実際には、動物でも植物でもない生物はたくさんいる。というか、すべての生物の中で、動物や植物はほんの一部分を占めるにすぎない。だから、ミドリムシが動物か植物かを、悩む必要はまったくない。ミドリムシは動物でも植物でもない。ただ、それだけのことだ。

現在の地球の生物は、大きく三つのグループに分けられる【図7−1】。細菌(真正細菌)

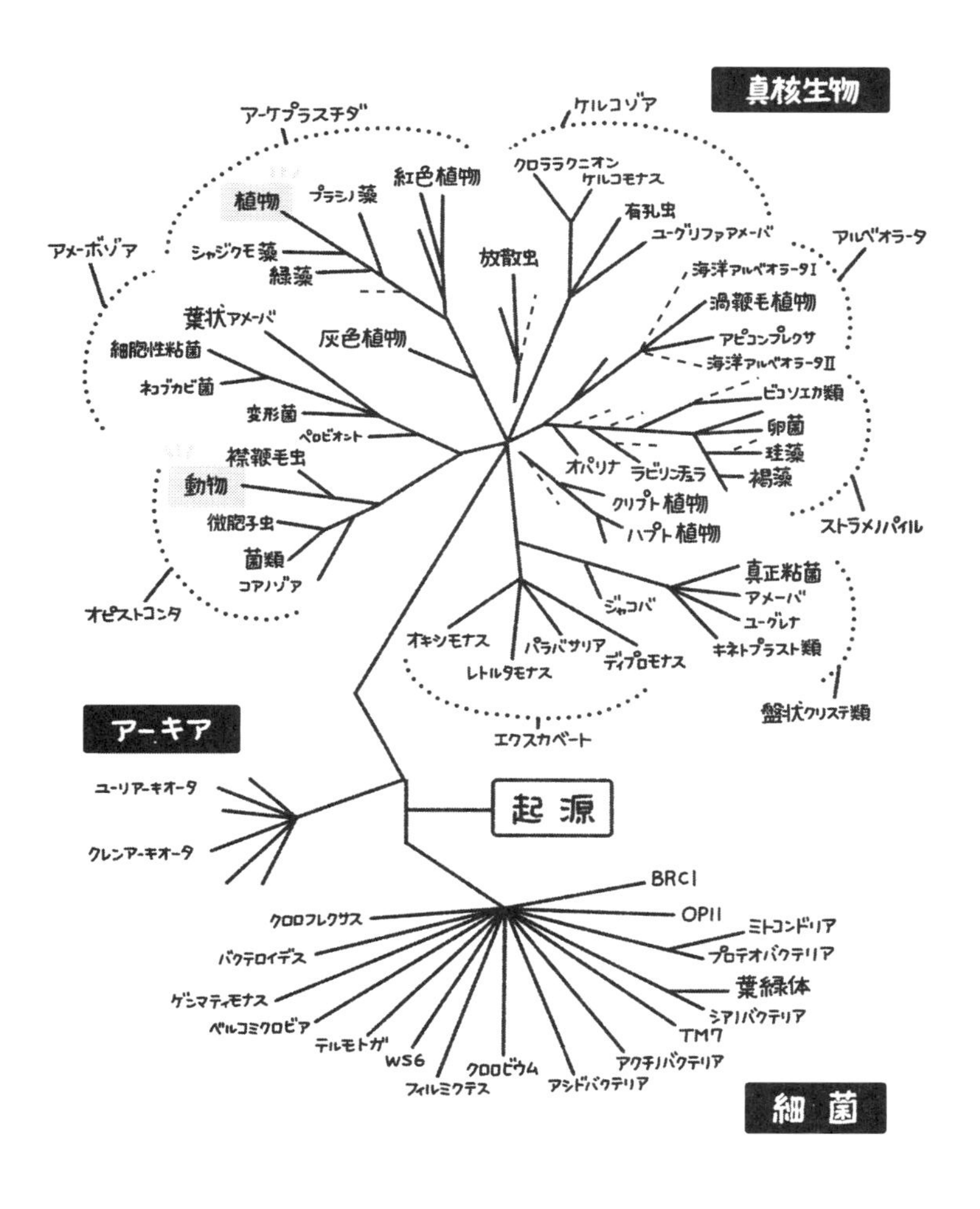

【図7-1 生物の3つのグループ】(Baldauf 2003, Pace 2009を改変)

とアーキア（古細菌）と真核生物だ。私たち動物は、真核生物に含まれる。

アーキアはカール・リチャード・ウーズ（一九二八～二〇一二）というアメリカの生物学者によって比較的最近（一九七七年）発見された。ウーズはＤＮＡの塩基配列（ＤＮＡの中の塩基の並び方。後〔238頁〕でも説明する）を使って、すべての生物の系統関係を、初めて調べた研究者である。ＤＮＡはすべての生物が遺伝情報を保存するために使っている物質だが、その中の塩基配列は時間とともに少しずつ変化する。そのため、進化の道すじもＤＮＡの中に保存されているのだ。

系統がそれほど遠くない生物なら、体の形からでも系統関係を推測することができる。ウシとシカとトカゲなら、この中でウシとシカが近縁であることは、体の形からでもわかる。

たとえば、ウシとシカとトカゲには肢がある。それは、この三種の共通祖先が肢を持っていたからだ。この肢のように、それぞれの種が、共通祖先の同じ形質から引き継いだ形質を、相同な形質という（形質とは、形態と性質のことで、生物のすべての特徴のこと）。この相同な形質同士を比較すれば、系統関係を推測することができる。この場合は、肢を比べれば、ウシとシカには蹄（ひづめ）という共通の構造があるが、トカゲにはないことがわかる。そこから、トカゲに比べて、ウシとシカは近縁だと推測できる。

しかし、系統が遠いと、どれが相同な形質なのかわからない。ヒトとキノコとアメーバだったら、どこが相同な形質なのか決めるのは難しい。そのため、すべての生物の系統関係を明らかにすることは、無理だったのだ。

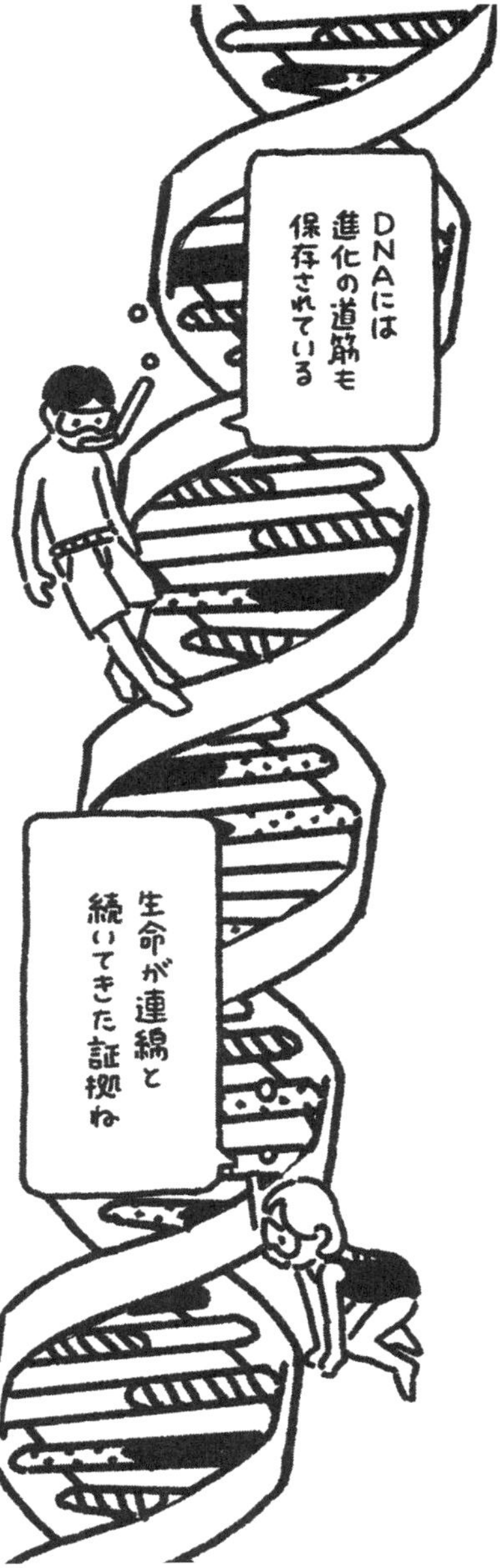

しかし、すべての生物はDNAを持っている。そして、DNA上のいくつかの遺伝子は、すべての生物が持っている。それは、すべての生物の共通祖先が、その遺伝子を持っていたからだ。したがって、その遺伝子は、すべての生物で相同だと考えられる。そういう遺伝子を使えば、すべての生物の系統関係を推測することができる。

それを初めて行ったのが、ウーズだ。具体的にはSSU－rRNAと呼ばれるRNAを作る遺伝子を使って、すべての生物の系統関係を推測したのである（RNAはDNAに似た分子である。くわしくは「第15章　遺伝のしくみ」で触れることにする）。

その結果、たとえば、見た目は同じように見えるメタン菌と大腸菌が、系統的に非常に離れた関係であることがわかった。そこで、メタン菌を含むグループを、細菌の仲間から独立させて、アーキア（当時の呼び名はアーキバクテリア）というグループを作ったのである。

分類と系統の違い

ところで、細菌とアーキアは、原核生物として一つにまとめられることもある。

第3章で述べたように、すべての生物は生体膜を持っている。その生体膜を、細胞の外

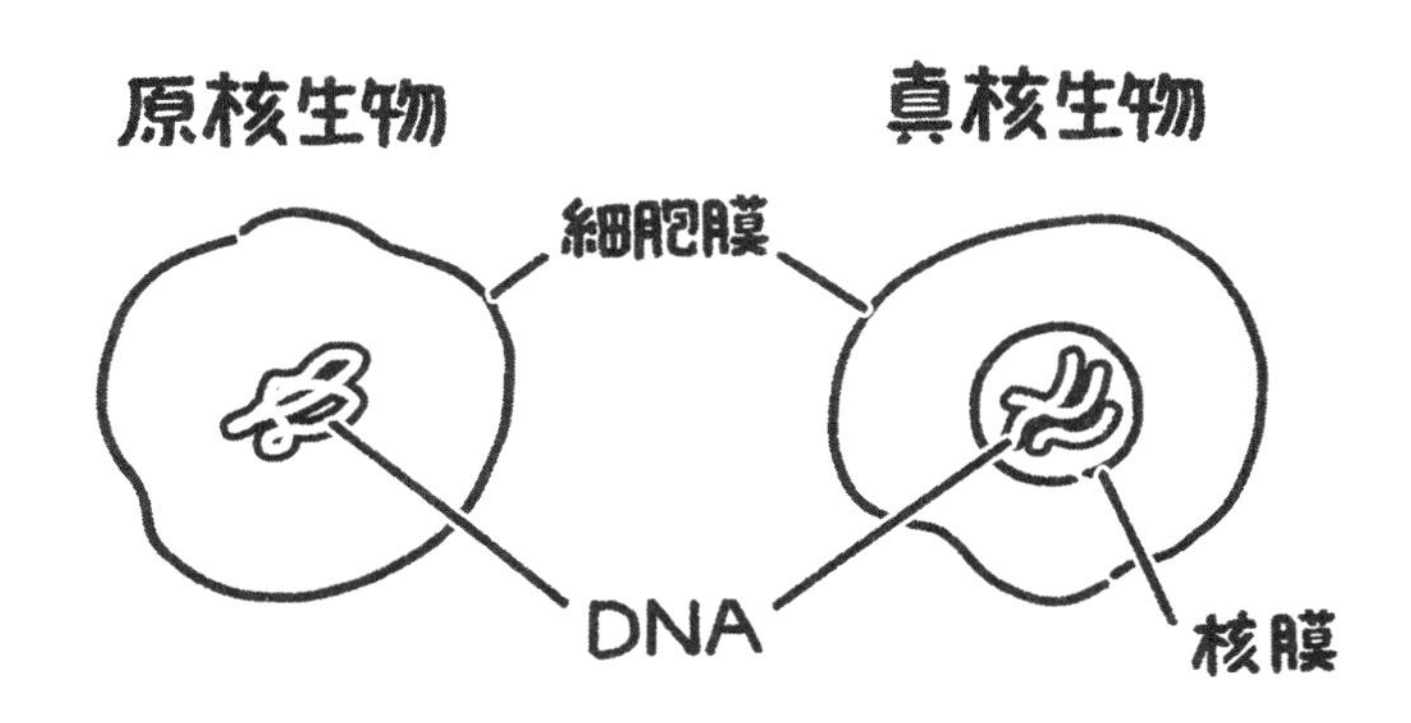

【図7-2 原核生物と真核生物】

側を包む細胞膜としてだけ使っているのが、原核生物だ。一方、生体膜を細胞膜だけでなく、細胞内部を仕切るのにも使っているのが真核生物だ【図7－2】。仕切りの中で一番重要なものは、DNAを包んでいる核膜である。この、核膜がDNAを包んでいる構造を核という。したがって、核がないのが原核生物で、核があるのが真核生物といってもよい。

ここで、少しややこしいのが、分類と系統の関係だ。細菌とアーキアは、両方とも原核生物に分類されるので、系統的にもお互いに近縁かというと、そうではない。アーキアから見ると、細菌より真核生物の方が近縁なのである【図7－3(1)】。

身近な例で考えてみよう。サメとマグロと

(1)

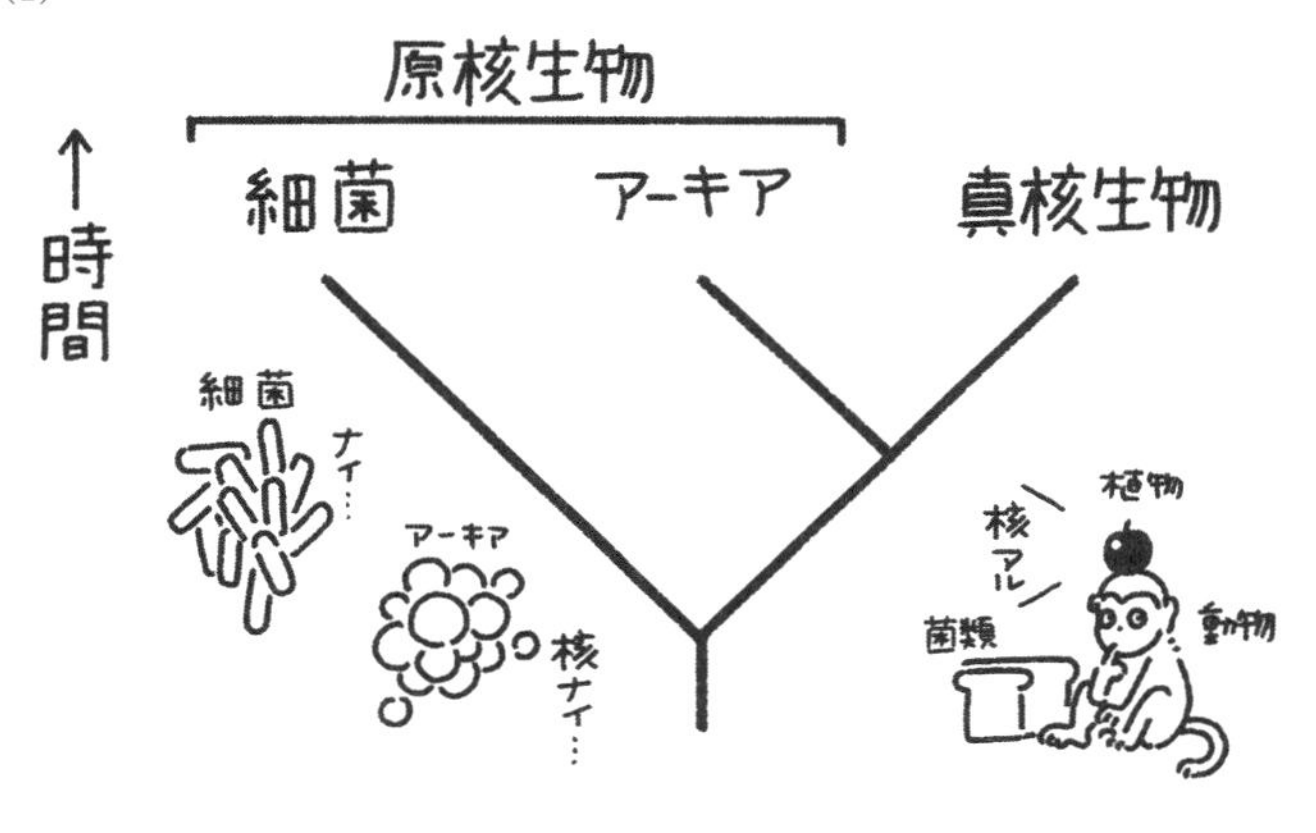

(2)

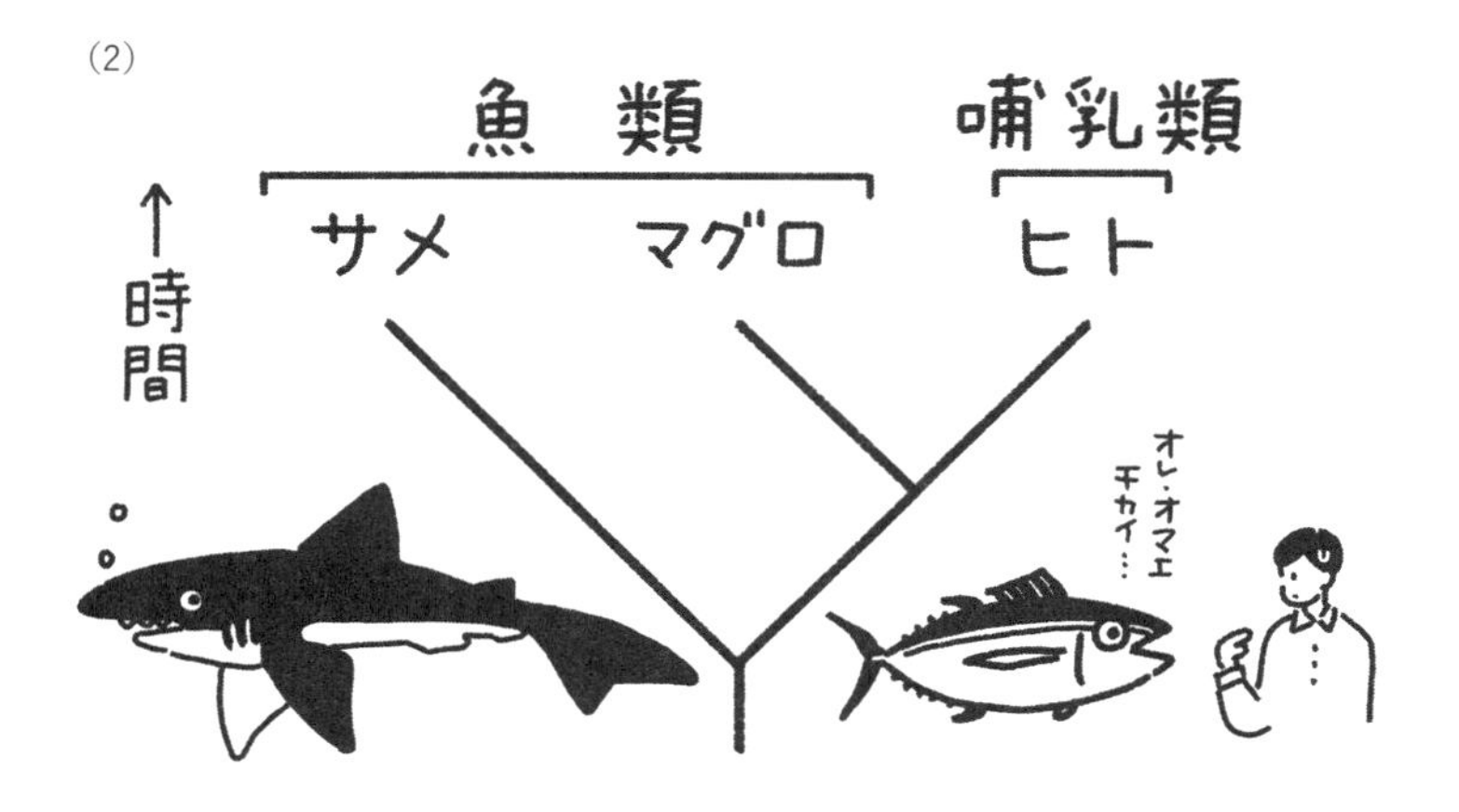

【図 7-3 分類と系統の関係】

ヒトは、大昔は同じ一つの種だった【図７－３（２）】。そこから、最初にサメに至る系統が分かれ、そのあとでマグロに至る系統とヒトに至る系統が分かれた。だから、ヒトとサメより、ヒトとマグロの方が、系統的に近縁なのだ。マグロから見た場合は、サメよりもヒトの方が近縁ということになる。しかし、サメとマグロは魚類に分類され、ヒトは哺乳類に分類される。それは、ヒトよりも、サメとマグロがお互いに似ているからだ。サメとマグロには鰭（ひれ）や鰓（えら）があるが、ヒトにはない。ヒトには手足や耳があるが、サメとマグロにはない。ただし、ヒトとマグロが似ているところもある。たとえば、ヒトとマグロの骨格はおもに硬骨だが、サメは軟骨だ。しかし、全体的に見れば、サメとマグロが似ているところの方が多いだろう。おおざっぱにいうと、似ているものをまとめたものが分類で、それは必ずしも系統的な近さと一致しないのである。

マイアの考え

ところで、ウーズが提唱したアーキアというグループは、なかなか認められなかった。反対意見が多かったからだ。反対した代表的な人物としては、エルンスト・マイア（一九

〇四～二〇〇五）がいる。

マイアは、ドイツ出身でアメリカに移住した進化学者で、多くの優れた業績を残した。また、生物学的種概念を提唱したことでも有名だ。「種とは何か」という問いに答えることは難しいが、その答えの一つをマイアは提出したのだ。

種とは、遺伝子を交流させている個体の集まりで、他の種とは遺伝子を交流させない。つまり、種と種は生殖的に隔離されている。これが、マイアが提唱した種概念である。

しかし、生物学的種概念は、無性的に繁殖をする生物には使えない。たとえば、細菌は、まれにしか個体同士で遺伝子を交換しない。通常は、遺伝子を交換せず、個体が分裂して増えていくだけである。こういう生物は、基本的に遺伝子を交流させないので、生物学的種概念ではうまく種を定義することができない。また、化石にも、生物学的種概念は使えない。ほとんどの化石には遺伝子が残っていないので、化石から遺伝子交流の有無を推測することはできないからだ。

このように、使える範囲に制限はあるものの、生物学的種概念はわかりやすいので、使える場面では広く用いられている。この有名な進化学者であるマイアが、ウーズの意見に噛みついたのである。

マイアの意見はこうだ。細菌とアーキアのあいだの違いは、それらと真核生物の違いに比べれば、非常に小さい。だから、わざわざアーキアという分類群を作る必要はない。また、現在知られている種数で比べれば、真核生物の二〇〇万種に対し、細菌は一万種にも達せず、アーキアに至ってはわずか二〇〇種である。こんなに種数の少ないアーキアと、素晴らしく多様な真核生物を、対等に扱うのはおかしい。

たしかに、マイアの意見もわからないでもない。私たち真核生物は、素晴らしい多様性を持っている。地中を掘り進むモグラもいれば、空を飛ぶ鳥もいる。地面をちょこまか歩く小さなアリもいれば、大洋をゆったりと泳ぐ巨大なクジラもいる。真核生物のこのような多様性を目の当たりにすれば、誰でも崇高な気持ちになるのではないだろうか。

それと比べて、アーキアや細菌の形は球状か棒状か糸状で、みんな似たり寄ったりだ。大きさだって小さくて、一マイクロメートル（一ミリメートル＝一〇〇〇マイクロメートル）くらいしかない。大きくても一〇マイクロメートルほどだ。私たちの眼は、五〇マイクロメートルぐらいのものまでしか見ることができないので、アーキアや細菌は私たちには見えない（球状の硫黄細菌の一種、チオマルガリータ・ナミビエンシスは、直径が最大で〇・七五ミリメートルに達し、肉眼でも見える。このように、いくつかの例外はある）。どう考えても、細菌やアーキアに大した多様性はないだろう。

これまでの分類では、生物を真核生物と原核生物（細菌）の二つに分けていた。そもそも大した多様性もない細菌が、素晴らしく多様な真核生物と、対等に肩を並べるだけでもおこがましいのだ。ところがウーズは、それにくわえて、たった二〇〇種あまりのアーキアという分類群まで新しく作って、こちらも真核生物と対等にするというのだ。とんでもないことである。

だけど……本当に、とんでもないことなのだろうか。

細菌やアーキアの多様性

私たちの体の大部分は、水と有機物でできている。有機物とは、炭素を含む複雑な分子のことだ。だから、炭素を含む分子でも、二酸化炭素（CO_2）や炭酸カルシウム（$CaCO_3$）のように単純な分子は、有機物とはいわない。生物が作り出すタンパク質や糖や脂質とそれに関連した物質が、おもな有機物である。

多様な真核生物の中で、もっとも目につくのは動物と植物だろう。動物も植物も有機物でできているが、動物は自分で有機物を作ることはできない。一方、植物は光合成によって有機物を作り出すことができる。だから、植物が作ってくれた有機物が、動物の食料になる。動物が生きていくために、植物はなくてはならない存在だ。

植物にも素晴らしい多様性がある。地面に這いつくばるようにして生えているコケから、高さが一一〇メートルを超えるセコイアまで、大きさもさまざまだ。しかし、植物の最大の特徴ともいえる光合成について考えると、すべての植物は酸素を出すタイプの光合成をしている。いや、植物だけでなく他の光合成をする真核生物も、やはり酸素発生型の光合成をしている。たとえば、ノリなどの紅藻（こうそう）や、ワカメなどの褐藻（かっそう）や、クロレラなどの緑藻（りょくそう）などだ。

一方、細菌には、シアノバクテリアのように酸素発生型の光合成をするものもいるが、酸素を出さない光合成をするものもいる。紅色硫黄細菌や紅色非硫黄細菌や緑色糸状細菌

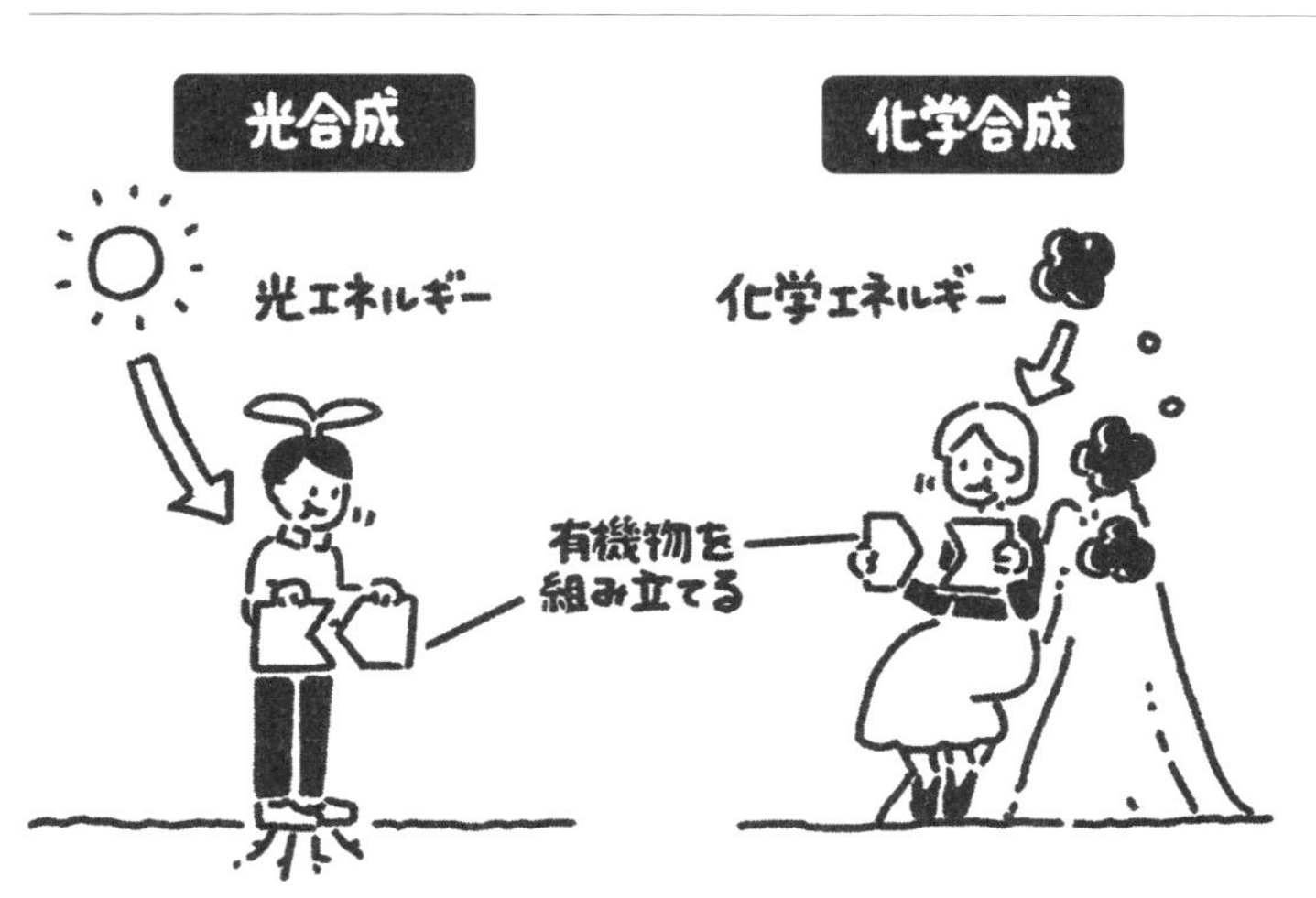

【図7-4 光合成と化学合成】

だ。さらに、やはり非酸素発生型だが、これら三つとは異なるタイプの光合成をする緑色硫黄細菌やヘリオバクテリアもいる。さらに、光合成ですらない化学合成（分子の中の化学エネルギーを利用する）という方法で有機物を作る、亜硝酸菌や硫黄細菌などの細菌さえいる【図7－4】。

アーキアでも、光合成をするものがいる。ハロバクテリアというアーキアは、真核生物や細菌より簡単なタイプの、酸素を出さない光合成をおこなっている。また、メタン生成菌や亜硝酸菌などの化学合成をするアーキアもいる（亜硝酸菌には細菌のものとアーキアのものがいる）。どうやら、光合成や化学合成のような、生物にとっての基本的な特徴においては、真核生物よりも細菌やアーキアの方が、多様性が高いようである。

つまり、真核生物の多様性は、基本的な特徴が同じ範囲の中で、いろいろな種類がいるにすぎない。これは、細菌やアーキアよりも、多様性が低いということではないだろうか。

ある学校に、二つのクラスがあったとしよう。一組には生徒が一〇〇人いて、全員が日本語しか話せない。日本語にもさまざまな方言があるけれど、他の言語と比べたら、方言同士の違いは小さいだろう。二組には生徒が一〇人しかいないが、それぞれの生徒がアラビア語やスワヒリ語など異なる言語を話せる。その場合、たとえ人数が少なくとも、言語的な多様性が高いのは二組だろう。

ところで、基本的な特徴では多様性が高いにもかかわらず、なぜ細菌やアーキアの種数は少ないのだろうか。

真核生物の多くは、ふつうに目で見えるので、新しい種を見つけやすい。しかし、細菌やアーキアは目に見えない。そこで、顕微鏡を使ったり、培養して増やしたりしないと、見つけることができない。場合によっては、ＤＮＡも調べないと、新種かどうかわからない。このように手間と時間がかかるので、細菌やアーキアの種数はなかなか増えないのだ。

つまり、本当に種数が少ないのではなくて、人間が見つけた種数が少ないだけなのだ。私たちの腸の中には、腸内細菌がすんでいる。その種数はおよそ一〇〇〇種で、個体数はおよそ一〇〇〇兆個だという。たった一人の人間の中にも、こんなにたくさんの細菌がすんでいるのだ。だから、ちゃんと見つけて数えれば、種数だって真核生物よりも多いのではないだろうか。

先ほどの学校のたとえでいえば、これは一組よりも二組の方が、生徒数が多かった場合に当たる。日本語しか話せない生徒が一〇〇人いる一組と、それぞれが異なる言語を話せる生徒が一〇〇〇人いる二組。これでは勝負にもならない。言語的な多様性が高いのが二組であることは明らかだ。

ということで結論としては、やはり地球の全生物は、真核生物と細菌とアーキアの三つのグループに分けるのが、よいだろう。

細菌やアーキアは下等な生物という偏見

マイアにとって興味があるのは、目に見える大きな生物であって、目に見えない小さな生物には、興味がないのかもしれない。そのために、目に見える多様性だけを強調して、目に見えない多様性は無視してしまったのかもしれない。

しかし、マイアの話は、すぎ去った昔ばなしではない。マイアのような意見は、現在の日本でもしばしば耳にする。たとえば、ヒトや哺乳類は「高等」な生物で、アメーバや細菌は「下等」な生物だという考えなどだ。そういう考えの根っこは、マイアの考えと同じだろう。

たしかに、体の構造を考えれば、私たちは細菌よりも複雑な生物だ。でも、私たちも細菌も、生命が誕生してから約四十億年という同じ時間をかけて進化してきた生物だ。どちらの方が進化しているとか、どちらの方が高等だとか、そういうことはない。

細菌やアーキアは、体は小さいけれど、莫大(ばくだい)な鉄鉱床を作ったり、酸素を含む大気を作ったりして、地球や他の生物に大きな影響を与えてきた。体が大きかろうと小さかろうと、それぞれの生物がお互いに影響し合い、さらに生物と地球が影響し合い、その結果として、現在の生物と地球が存在するのだ。

もちろん朝から晩まで、細菌やアーキアのことを考える必要はないけれど、もしも生物全体について思いを馳せるときには……そのときは、この地球には真核生物だけでなく、細菌やアーキアもすんでいることを忘れないでおこう。

第８章

動く植物

虫を捕まえるハエジゴク

前章で、動物や植物は、すべての生物の中のほんの一部分にすぎないことを述べた。とはいえ、私たち自身は動物なので、動物を中心に考えてしまうのは、ある程度は仕方のないことだろう。さらに、動物が生きていくためには、植物が重要な役割を果たしている。動物の体の材料も、動物が動くためのエネルギーも、元はといえば植物からもらったものだ。

このように、動物と植物は、私たちにとって一番身近な生物であることは間違いない。そこで、この章では植物を、少し眺めてみることにしよう。

さて、植物というと、動かない生物というイメージが強い。しかし、実は、動く植物は結構たくさんいる。その中で、もっとも有名なものの一つが、ハエジゴク（ハエトリソウともいう）だろう【図8－1】。

ハエジゴクはアメリカの食虫植物で、葉が二枚貝のような形をしている。貝殻に当たる部分は裂片と呼ばれ、縁には長い突起がたくさんついている。二枚の裂片は普段は開いて

【図8-1 ハエジゴク】

いるが、ハエなどが中に入ると〇・五秒ほどで閉じてしまう。この時点では、まだ裂片と裂片のあいだにはすき間があり、ハエは歩くことができる。しかし、二枚の裂片の突起がちょうど牢屋の鉄柵のような形になっているので、ハエは逃げることができない。そのうちに、裂片はだんだんと閉じていき、最後にはハエのアウトラインが浮き出るほど、きつく閉じてしまう。そして、塩酸に富んだ消化液を分泌して、ハエの栄養分を吸い取る。十日ほど経つと、裂片は再び開いて、ハエの死骸を捨てる。そして、また獲物を待つのである。

ところで、ハエジゴクは、どうやってハエが来たことを知るのだろうか。ハエジゴクの二枚の裂片の内側には、それぞれ三本ずつ感覚毛がある。ハエがこの感覚毛にだいたい二十秒以内に二回触れると、裂片が閉じる。一回だと、葉か何かがたまたま落ちてきたときにも裂片が閉じてしまうので、二回触れないと閉じないようになっているのだろう。

ちなみに、閉じ込められたハエは逃げ場を探して、ハエジゴクの牢屋の中を歩き回る。そのときに何回も感覚毛に触れてしまうので、裂片はそれを感じて、ますますきつく閉じるのである。

植物の神経？

ハエによって、ハエジゴクの感覚毛が二回触れられると、裂片の表面の細胞が急速に拡大して、裂片が閉じる。このとき、感覚毛から表面の細胞に伝わるのは電気による信号である。そのため、植物にも神経があるのでは、といわれたこともあった。動物の神経も、電気によって信号を伝えるからだ。

しかし、動物の細胞が情報を伝えるときに、電気を使うのは神経細胞だけではない。たとえば、動物の皮膚の表面に並んでいる上皮細胞同士は、タンパク質でできた管のような

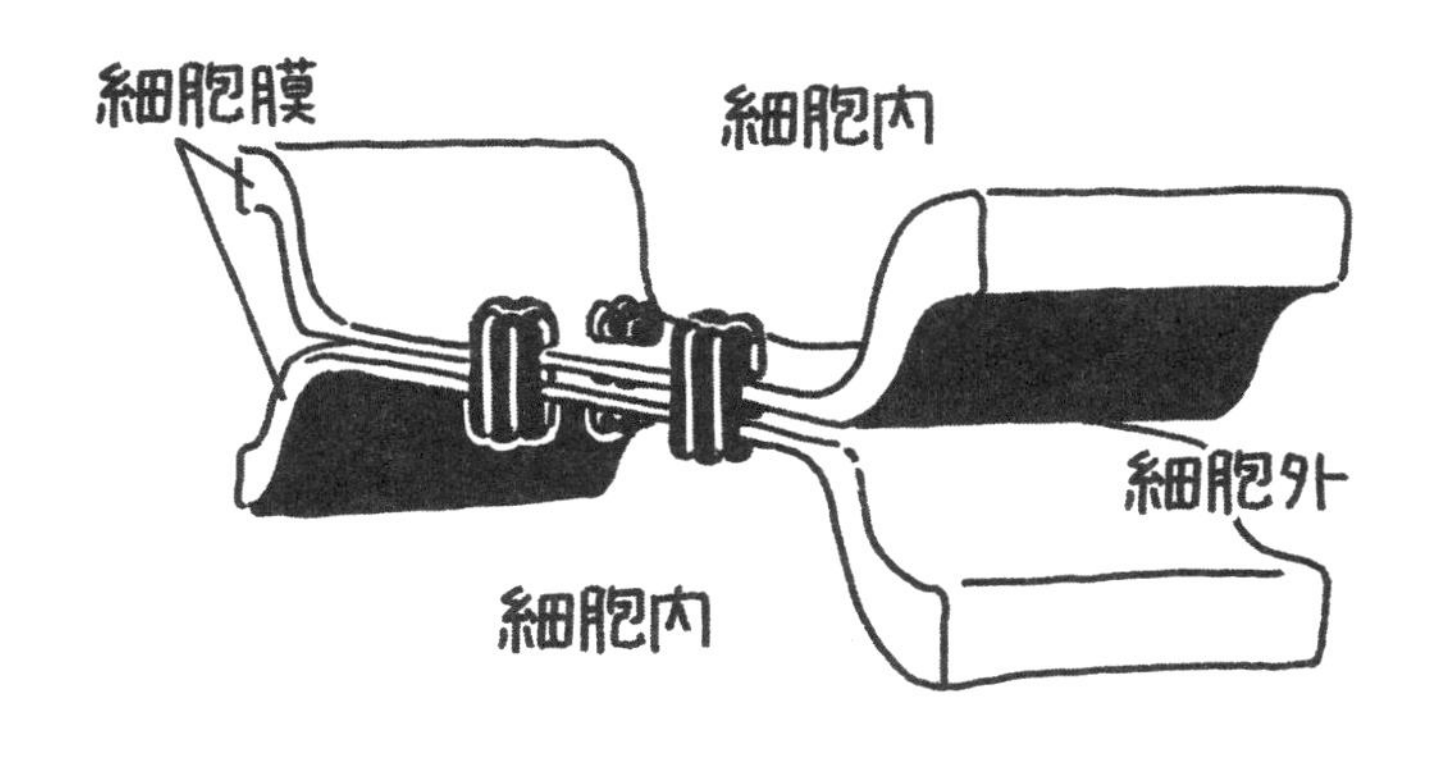

【図8-2 ギャップ結合】

構造を使ったギャップ結合【図8－2】で結ばれている。細胞と細胞のあいだにわずかなすき間（ギャップ）があるのが特徴である。このギャップ結合によって上皮細胞は、すぐ隣の上皮細胞と情報をやり取りしているが、そのときに使われているのは電気による信号である。電気による信号を使う細胞はたくさんあり、神経細胞はその中の一つにすぎない。ただし、神経細胞は、電気信号を非常に速く運ぶ、もっとも特殊化した細胞である。

したがって、植物が電気信号を使っているからといって、神経があることにはならない。それに関連して思い出されるのは、植物にも感情があるという話である。

今から五十年ほど前に、植物にも感情があ

るという本がイギリスで出版され、ベストセラーになった。その本の著者は、植物の感情を表す電気信号を測定したと主張したのだ。しかし、電気信号は、生物の世界で広く使われている情報伝達の手段であり、神経やその集合体である脳だけが使っているわけではない。しかも、その本の著者が紹介している研究は、非常にずさんなもので、その結果はまったく信用ができない。したがって、植物に感情があることを示す証拠はまったくないのである。

植物はどのくらい長生きか

さて、別の話題に移ろう。日本の屋久島には、長生きで有名なスギがある。たとえば、縄文杉という名前がつけられた高さが二五・三メートルの巨木は、樹齢七千二百年と推定されたこともあった。その樹齢は、直径（五・一メートル）から推定されたものだった。しかし、樹木が太くなる速さは、同じ種でも個体によってかなり違う。そのため、この値は信頼できない。

縄文杉の中心部は空洞になっているが、その内側から採られた木材の年代を、放射性炭素（１３３頁）を使って測定すると、二千百七十年前という値が得られた。測定に使われた木材が取られた位置は、縄文杉の幹の正確な中心ではないので、実際に生まれた年はもう少し古いだろう。しかし、残念ながら、それ以上のことはわからない。

縄文杉の近くに、大王杉と呼ばれるスギがある。大王杉は縄文杉より小さい（高さ二四・七メートル、直径三・五メートル）のだが、放射性炭素による年齢は三千年以上と推定されている。現在知られている限りでは、この大王杉が、日本で一番古い樹木である。

世界には、さらに古い植物がある。アメリカの標高二〇〇〇～三〇〇〇メートルという高地に生えているブリスルコーンパインだ。高さが三メートル、直径が二メートルほどの樹木で、巨木というほど大きくない。その中の一本はメトシェラと呼ばれており、二〇一〇年代初期の測定によると、年齢は四千八百四十五年だった。

これまでは、プロメテウスと呼ばれているブリスルコーンパインが、もっとも長寿の植物といわれていた。プロメテウスは一九六四年に切り倒されてしまったが、その時点で四千八百四十四歳だった。今回の測定により、メトシェラがプロメテウスより一年長く生きていることがわかった。メトシェラはまだ生きているので、さらに長寿の記録を伸ばしていくだろう。

ただ、忘れてはならないことは、今まで述べてきた植物の寿命は、平均寿命ではないということだ。たとえば、スギの中でも、縄文杉や大王杉のように長く生きるスギは、滅多にいない。屋久島にも、発芽してから一～二年ほどのスギの苗が、たくさん生えている。しかし、そのほとんどが、苗の段階で死んでしまう。いや、苗にすらなれずに死んでしまうスギだって、たくさんいるに違いない。ましてや、縄文杉や大王杉のように大きくなれるのは、せいぜい千年に数本だろう。だから、スギの平均寿命は、おそらく一年以下のはずだ。そう考えれば、スギより私たちヒトの方が長生きなのである。

植物の年齢の測定法

　ここで、植物の年齢の測り方について、簡単に説明しておこう。炭素は、生物の体を作っている主要な原子である。炭素の原子核には、陽子が六個ある。しかし、中性子については、六個のものから八個のものまで、三種類の炭素が天然に存在している。このように、陽子の数は同じだが、中性子の数が違う原子を、同位体という。炭素の同位体で一番多いのは中性子が六個の炭素12（12は、陽子と中性子を足した数）で、地球上の炭素の約九九パーセントを占める。二番目は炭素13で、約一パーセントだ。

　炭素14は微量しか存在しないが、前の二つの同位体と違って、放射性である。放射性というのは、放射線を出すことによって他の元素に変化する性質のことだ。炭素12や炭素13は、時間が経っても変化しない安定な炭素だが、炭素14は放射線を出しながら、少しずつ窒素14に変化する。つまり、炭素14はだんだん減っていく。この炭素14が、最初の量の半分になる時間は決まっていて、五千七百三十年である。この五千七百三十年を、炭素14の半減期という。この炭素14を使って、死んだ生物の年代を測ることができるのだ。

何もしなければ、炭素14は少しずつ減っていくはずだが、自然界における炭素14の量は一定である。なぜかというと、いつも大気中で、炭素14が作られているからだ。宇宙線が地球の大気に突入して、窒素14に衝突すると、窒素14が炭素14に変化するのである。

植物は、光合成や呼吸をする。そのときに、炭素を二酸化炭素という形で、大気中から取り込んだり、大気中に放出したりする。つまり、炭素は、大気と植物のあいだを流れ続けている。だから、植物の炭素14の割合は、大気と同じになる（ちなみに、動物の炭素14の割合も、大気と同じである。動物は直接的に、あるいは間接的に、植物を食べて生きているからだ）。

ところが、植物が死ぬ（枯れる）と、話が変わってくる。死んだ植物は、もう光合成や呼吸をしない。そのため、植物中の炭素は、外界との出入りがなくなって、孤立する。すると、植物の中の炭素14は、ゆっくりと減少し始める。したがって、死んだ生物中の炭素14の量を測れば、その生物が死んでからどのくらいの時間が経ったかが、わかるのである。これが、放射性炭素による年代測定のしくみだ。

ところで、アメリカのブリスルコーンパインの年齢は、年輪年代学によって推定されている。年輪年代学は、樹木の年輪をただ数える学問ではない。

樹木の年輪の幅は、必ずしも一定ではない。たとえば、同じ夏といっても、年によって、非常に暑い夏もあれば冷夏もあるだろう。雨の多い年も少ない年もあるだろう。そういう気候変動によって、年輪の幅は違ってくる。そういう年輪のパターンを調べておけば、年輪を部分的に見ただけで、その年輪が何年前から何年前に作られたものかを、正確に決定できるのだ。

また、生きている木だけでなく、遺跡などから出土した木なども使って、年輪のパターンをつないでいけば、場合によっては一万年ぐらい前まで遡って、年輪パターンを決定することも可能である。ブリスルコーンパインの年齢は、この年輪年代学で推定されているので、正確な年齢が算出されているのである。

生きているときから樹木の大部分は死んでいる

植物は動物に比べて、非常に長く生きるものがある。どうして、そんなことが可能なのだろうか。

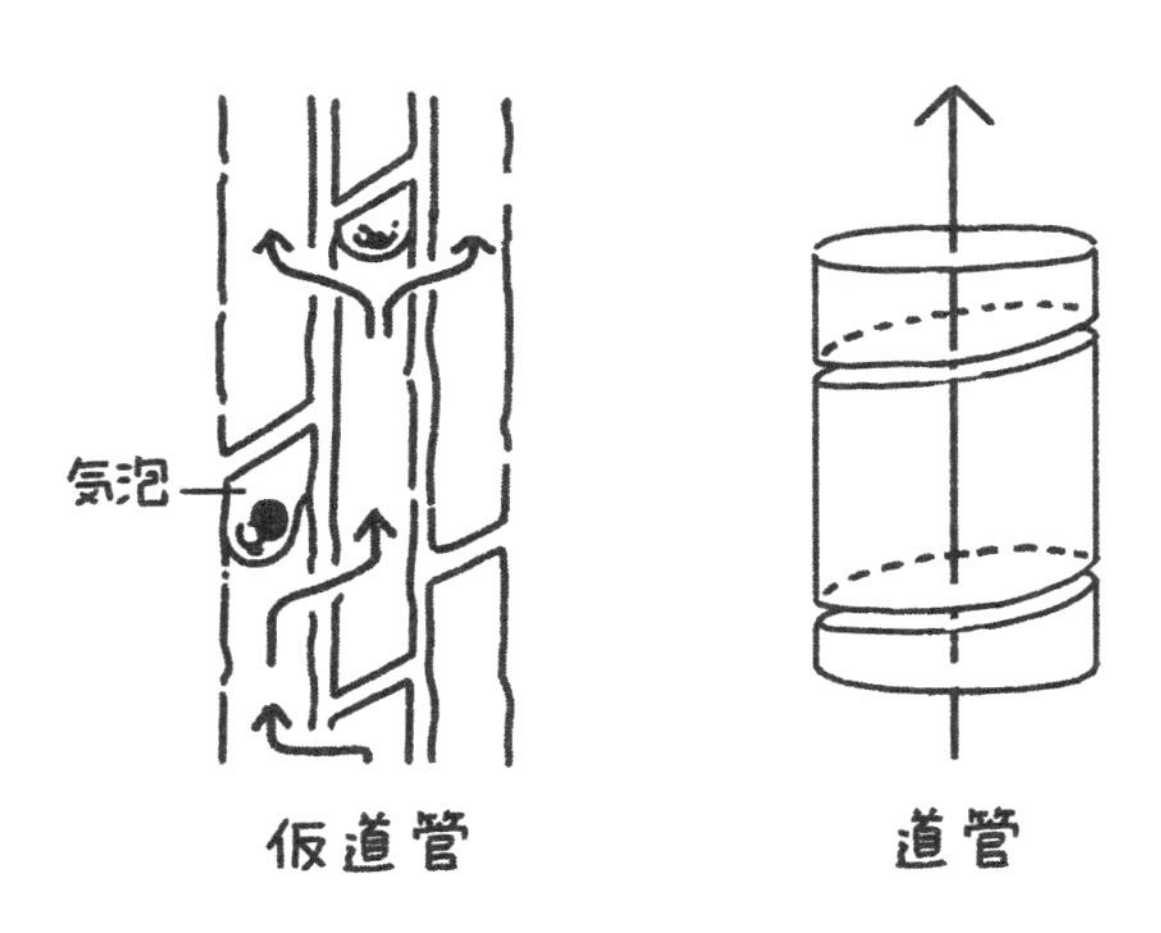

【図8-3 道管と仮道管】（『植物はなぜ5000年も生きるのか』〔鈴木英治、講談社〕を改変）

樹木の幹の中には、おもに水を運ぶ道管（どうかん）や仮道管（かどうかん）と、おもに光合成で作られた有機物を運ぶ篩管（しかん）がある。これらは、細胞がたくさんつながって、管のようになったものである。しかし、植物の細胞は、外側が頑丈な細胞壁で覆われている。そのため、ただ細胞をつなげただけでは、細胞と細胞のあいだを、水や有機物は通ることができない。

篩管の場合は、となりの細胞と接している細胞壁に、小さな穴がたくさん開いている。そこを物質が通るのである。この、穴がたくさん開いた細胞壁が、篩（ふるい）のように見えることから、篩管と呼ばれている。光合成で作られた有機物は、この穴を通って隣の細胞に入り、その細胞に溶け込む。それから、また穴を通って、その次の細胞に溶け込む。それを繰り返すことによって、運ばれていくのである。

ところで、ある試算によると、光合成で有機物を一グラム作るためには、根から葉に水を二五〇グラムも運ばなければならないらしい。この値は、種によっても違うだろうが、とにかく有機物よりもはるかに多くの水を、運ばなければならないということだ。

そのため、道管や仮道管の細胞は、中身が空っぽになっている。つまり、死んでいる。この方が、たくさんの水を運べるからだ。道管では細胞の上下に穴が開いているので、多くの細胞がつながって、一本のパイプのようになっている。仮道管では、細胞の横に穴が開いている。水は、たくさんの細胞の中を、曲がりくねりながら、進んでいくのである【図8－3】。

このように、樹木には死んだ細胞がかなりあるのだが、幹が太くなるにつれて、死んだ細胞がますます増えていく。幹が太くなると、中心部にある道管や仮道管では、水を通す穴がふさがる。そのため、水がしみ込みにくくなり、腐りにくくなる。さらに、中心部全体に、タンニンなどの物質をしみ込ませて、虫や菌の繁殖を防ぐ。その後、道管や仮道管の周囲にあった生きた細胞も死んでしまい、中心部は完全に死んだ細胞だけになる。この、樹木の死んだ部分を心材といい、周囲の生きている部分（の中にも道管や仮道管のような

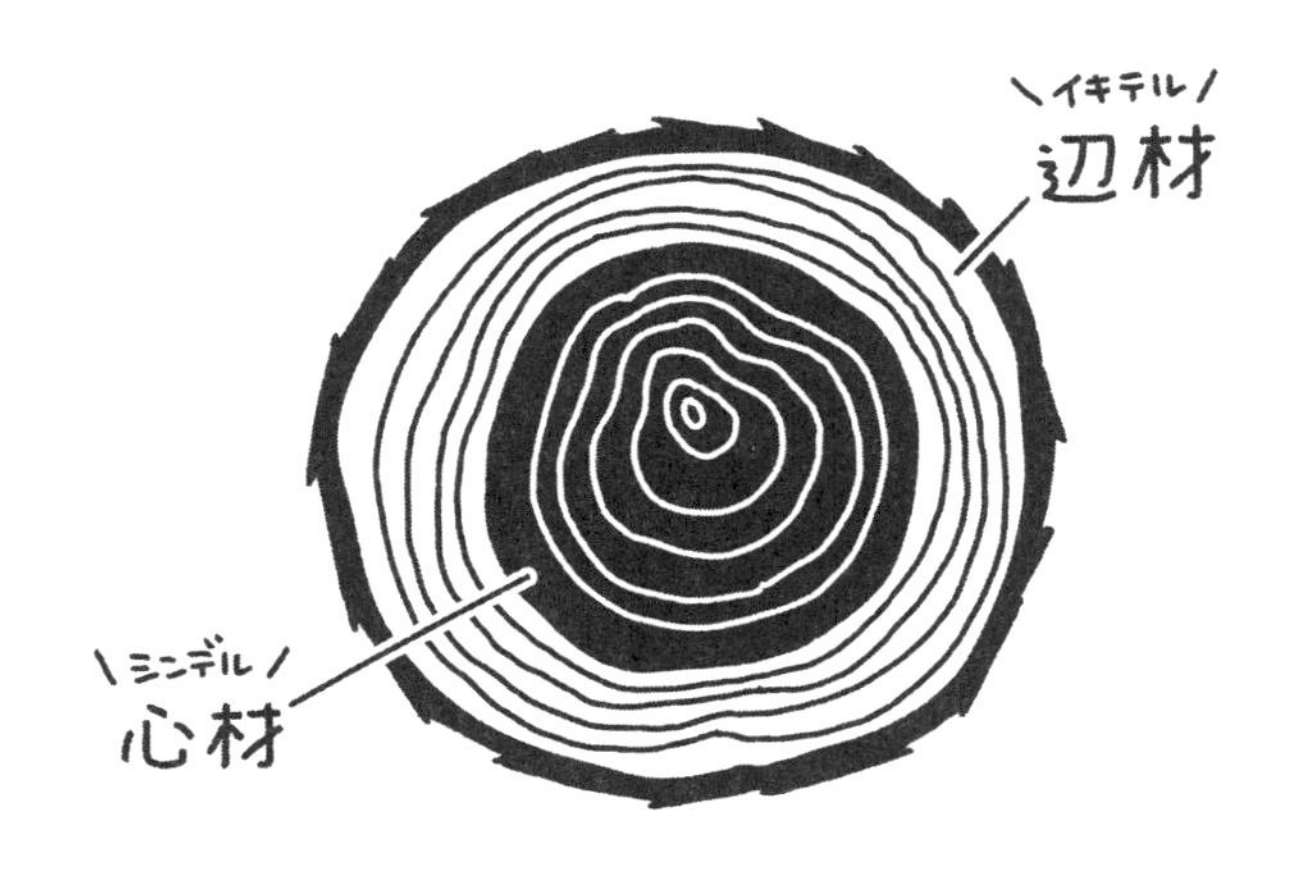

【図8-4 辺材と心材】

死んだ細胞がある）を辺材という【図8－4】。心材は樹木を支える役割を果たしている。死んでからも、生きている部分の役に立っているのである。

幹が太くなるにつれて、辺材はどんどん外側に移動していき、心材はますます太くなっていく。だから、樹木は切り倒されても、あまり変化しない。なぜなら、樹木は生きているときから、大部分が死んでいるからだ。

樹木は長生きといっても、生きている部分は幹の外側にどんどん移動していく。同じ部分が生き続けているわけではないのだ。そのため、何千年も生きているブリスルコーンパインでも、細胞の寿命はせいぜい三十年程度らしい。そう考えると、植物が長生きなのか

【図8-5 クレオソートブッシュ】

どうか、わからなくなってくる。

アメリカのモハーベ砂漠に生育するクレオソートブッシュという植物には、一万千七百年も生きているものがいるという。それが本当なら、ブリスルコーンパインの二倍以上だ。一つの種子から発芽したクレオソートブッシュは、周囲に枝を広げたり、根を下ろしたりしながら、同心円状に生長していく。そうして周りに広がっていくにつれ、中心の古い幹は枯れてなくなってしまう。実際の植物体自体は千年も経たずに枯れてしまうようだが、周囲に新しく伸ばした枝や根は生きている。そのため、長く生きているクレオソートブッシュは、中心の植物体がなくなってしまうので、ドーナツ型の茂みになっている

【図8－5】。これも、発芽してから連続した一個体の植物と考えてよいだろうか。

まあ、樹木だって、幹の中心部の心材は死んでいるし、腐ってなくなっている場合もある。生きているのは周囲の辺材だけだ。そう考えれば、クレオソートブッシュだって、連続した一個体として認めてあげないと不公平な気もする。でも、クレオソートブッシュを一個体として認めると、挿し木で増やした植物はどう考えたらよいだろう。

ある木の枝を折って、その枝を土に挿す。もし、その枝が根づけば、また新しい木に生長する。こうして挿し木で増えた植物だって、元の植物の一部だったのだから、元の植物と同じ個体と考えてもよさそうだ。でも、そうすると、植物の寿命は永遠ということになってしまう。

こういうことを真面目に考えても、あまり意味はないかもしれない。ただ、はっきりいえることは、生物には素晴らしい多様性があるということだ。私たちの寿命と植物の寿命を比べること自体に、そもそも無理があるのだろう。私たちの尺度で、何でも測れるわけではないのである。

生物にはそれぞれの尺度があるのか…
つい人間の視点で考えてしまうね

第9章

植物は光を求めて高くなる

生きるためにはエネルギーが必要

前章では、植物も動くことと、長寿なことを述べた。この章では、植物のもっとも大きな特徴である光合成について考えてみよう。

生物が生きていくためには、二つの意味で、エネルギーが必要だ。

一つは、生物が散逸構造だからだ。生物やガスコンロの炎のような散逸構造は、エネルギーを吸収し続けないと、そもそも形を保つことができないのだ。

もう一つは、生物が動くからだ。植物はあまり動かないけれど、生長や化学反応も動くことに含めれば、植物だって動き続けている。

つまり、生物は形を保ちながら動くために、常にエネルギーが必要なのだ。

では、生物はどうやって、エネルギーを手に入れるのだろうか。

仮に、薪(まき)を燃やすことを考えよう。薪を燃やすと熱エネルギーが出る。燃えるというのは、急速に酸素と結合することなので、以下のように表せる。

薪　＋　酸素　→　反応生成物（二酸化炭素など）　＋　エネルギー　（一）

薪は、元はといえば、木という生物だったので、有機物でできている。有機物の主成分は炭素（C）である。そこで、有機物の代わりにCと書き、酸素の代わりにO_2と書けば、以下のようになる。

$C + O_2 \rightarrow CO_2 +$ エネルギー　（二）

ただし、有機物は炭素だけでできているわけではない。だから、有機物の代わりにCと書くのは、少し乱暴である。しかも、（二）式だと、有機物の中で炭素は孤立しているように見えるが、実際には他の原子と結合した分子の形で存在している。だから、（二）式は、実際に薪が燃える反応とは少し違う。

しかし、その二つのことを頭の隅に置いておけば、つまり（二）式は現実を単純化したものだとわかっていれば、（二）式は便利なので使ってもよいだろう。

さて、生物がエネルギーを手に入れる代表的な方法は、酸素呼吸である。酸素呼吸も単純化すれば、燃焼と同じで、（二）式で表される。もちろん、生物の体の中では、有機物が炎を上げて燃えているわけではない。もっとゆっくり反応が進んでいる。それでも、基本的なしくみは燃焼と同じで、有機物を酸化して二酸化炭素を作るときに、エネルギーが発生する。

「〜を酸化する」というのは正確には「〜から電子を奪う」ことだが、ここでは「〜に酸素を結合させる」ことだと考えてよい。ある原子に酸素原子が結合すると、その原子の電子の一部が、酸素原子の方へ引きつけられるからだ。

「〜を酸化する」の反対は「〜を還元する」だ。「〜を酸化する」のときと同様に、「〜を還元する」というのは正確には「〜に電子を与える」ことだが、ここでは「〜から酸素を取る」ことだと考えよう。

生物が生きていくためには、有機物が必要である。有機物を酸化して、エネルギーを得ることが必要である。私たち動物は、自分では有機物を作ることができない。だから、他の生物を食べて、有機物を手に入れるしかない。しかし、植物は、自分で有機物を作ることができる。太陽の光エネルギーを使って、二酸化炭素（CO_2）を還元して、有機物（C）を作る。そのとき、余った酸素（O_2）は捨てる。これが光合成と呼ばれる現象で、ちょうど（二）式と反対の（三）式になる（実際の光合成はもっと複雑で、酸素は、二酸化炭素から直接生じるわけではなく、水を酸化することによって生じるが、ここでは単純化してある）。

光エネルギー　＋　CO_2　→　C　＋　O_2　（三）

ところで、有機物を作る方法は光合成だけではない。化学合成によって、有機物を作る生物もいる。たとえば、メタン菌は、太陽光の届かない深海の、熱水噴出孔に生息している。そこで、太陽光ではなくて、海底から噴き出す熱水によって岩石から生じる水素を利用して、二酸化炭素を還元する。

とはいえ、生物のほとんどのエネルギーは、光合成によってまかなわれている。現在の地球で生物が繁栄していられるのは、光合成のおかげなのである。

葉緑体の起源

植物の光合成は、細胞の中の葉緑体で行われる。この葉緑体は、元々は別の生物だったシアノバクテリア（細菌）が、緑藻（真核生物）の細胞の中に取り込まれて共生を始めたものだといわれている。その後、緑藻の一部が、細胞内に葉緑体を持ったまま、植物（真核生物）に進化した。そのため、植物の葉緑体も、元々はシアノバクテリアだったと考えられている。この話は、おそらく基本的には正しいものの、誤解されていることも多いようだ。

もしも、シアノバクテリアが、植物の祖先の真核細胞（真核生物の細胞）に取り込まれて共生を始めたら、どんなことが起きるか考えてみよう。真核細胞の中にいるシアノバクテリアは、タンパク質や脂質や遺伝子（DNA）などからできている。しかし、真核細胞が分裂をして次の世代になれば、シアノバクテリアのタンパク質や脂質の総量は減ってしまうはずだ。

それでも、シアノバクテリアの遺伝子があれば、真核細胞の中で、新しくシアノバクテリアのタンパク質や脂質を作れる。そうすれば、シアノバクテリアはシアノバクテリアのままで生き続けて、共生を続けることができる。

ただし現在では、シアノバクテリアの遺伝子の多くは、シアノバクテリアの体から出て、真核細胞の核の中に入り、真核細胞の遺伝子と一緒になっている。シアノバクテリアに残っているのは、元のＤＮＡの一〇分の一ぐらいだ。だから、もはやシアノバクテリアは、真核細胞の外に出て生きることはできない。それでも、たとえ核の中にあっても、それがシアノバクテリアの遺伝子なら、シアノバクテリアは真核細胞の中で生き続けられる。

ここまではよい。しかし、実際によく調べてみると、真核細胞の中にあるシアノバクテリアのようなもの（つまり葉緑体）を作っている遺伝子は、すべてがシアノバクテリアの遺伝子ではないのである。かなり多くの遺伝子が真核細胞の遺伝子だし、それとは別に、シアノバクテリアでない細菌の遺伝子も結構ある。

ヒトの場合、親や祖父母が外国の人だと、その子どもや孫をハーフとかクォーターとかいうこともある。最近では、ミックスといったりもするようだ。そう考えると、葉緑体はミックスだ。シアノバクテリアの純系の子孫ではなく、他の細菌や真核生物の遺伝子も混じっているからだ。

しかも、DNAをデータとした系統樹から考えると、葉緑体のおもな祖先はシアノバクテリアでなくて、シアノバクテリアの祖先である可能性もある。一口にシアノバクテリアといってもいろいろな種がいるが、それらのすべての共通祖先よりも古い時代に分かれた細菌が、真核細胞と共生を始めたのかもしれない。シアノバクテリアだって、シアノバクテリアの祖先だって、似たようなものだと思うかもしれない。でも、シアノバクテリアとシアノバクテリアの祖先は、異なる生物だ。あなたの祖先は魚だったけれど、あなたは魚ではないのだ。あなたとあなたの祖先は違うのだ。

葉緑体は、ただ単純に、シアノバクテリアが真核生物と共生したものではないらしい。なぜ、いろいろな遺伝子がミックスしているのかは、よくわからない。一つの可能性としては、遺伝子がウイルスなどにより別の種に移動する、水平進化が起きたのかもしれない(親から子へ伝わることを「垂直」、親子関係にない他の個体へ伝わることを「水平」という)。進化というものはなかなか複雑で、ダイナミックな現象のようである。

高くなる植物

光合成は太陽の光を使うので、背が高い方が有利である。そのため、植物はもっとも背が高くなる生物になっている。日本で一番高い樹木は、京都にある花脊（はなせ）の三本杉の一本で、高さは六二・三メートルだ。ちなみに巨木は、山奥で自然が残っている場所よりも、都会に多いらしい。意外な気もするが、考えてみれば、動物も野生でいるよりは、動物園で飼育した方が長生きする。樹木も人間によって適切に管理されている方が、長生きできるのだろう。京都の花脊の三本杉も、峰定寺（ぶじょうじ）のご神木だそうだ。

世界で一番背が高い木は、アメリカのカリフォルニア州にあるセコイアで、高さは一一五・五メートルである。

なぜ植物がこんなに高く生長できるのかは、昔から不思議に思われていた。なぜなら、どうやって水をそんなに高いところまで運べるのかが、わからなかったからである。

一番考えやすいのは、大気圧によって水を持ち上げる方法だ。コップを水に沈めて、コップの中を水で満たす。それから、コップを逆さまにして、コップの底を水面の上に出す。すると、コップの中の水面は、外側の水面よりも高くなる。これは、コップの外側の水面を大気が圧しているからだ。この水面を圧す力を大気圧といい、これが結構強い。ものすごく細長いコップで同じことをすると、コップの中の水面は一〇・三メートルまで上がる。

しかし、高さが一〇メートルを超す樹木はいくらでもある。一〇〇メートルを超す樹木だってある。そんな高い樹木のてっぺんまで水を運ぶのは、大気圧には無理である。

なぜ裸子植物は高くなれるのか

樹木の中を水が高く上がるしくみは、実はいくつかあるのだが、もっとも重要なものは、水の凝集力である。

水分子は、二つの水素原子と一つの酸素原子が結合したものである。その形は、ちょうどミッキーマウスの頭に似ている【図9―1】。耳が水素原子で、顔が酸素原子だ。そして、水素原子の持っている電子は、酸素原子の方にいくらか引きつけられている。そのため、水分子では、プラスの電気はミッキーマウスの耳の方に少し多く、マイナスの電気は顔の

【図9-1 水分子】

方に少し多く分布することになる。水分子は、全体としてはプラスとマイナスの電気が相殺して電気を持っていないのだが、プラスとマイナスの電気の分布が片寄っているのである。

　そのため、水分子と水分子は、そのプラスの部分とマイナスの部分で引きつけ合う。この、水分子同士がくっつき合う力を、凝集(ぎょうしゅう)力(りょく)という。この凝集力は非常に強く、細いパイプに入った水を、理論的には四五〇メートルも持ち上げることができる。そのため、木の上の葉から水が蒸発すれば、水分子はお互いに離れないように、上から水を引き上げるのだ。

　ただし、この凝集力で水を樹木の梢まで引き上げるためには、細い管の中を、水が下から上までつながっていなくてはならない。途中で水の柱が切れてしまったら、上側の水が下側の水を引っ張ることができない。

これは植物にとって困った問題で、実際に水の柱が切れてしまうことがある。その多くは、水が凍ったときだ。水が凍ると、それまで水に溶けていた空気が、氷の結晶の中に入れなくなり、結晶から追い出される。そうすると、氷の中に、空気の泡（気泡）ができてしまう。この気泡が、氷が解けて水に戻ったときに残り、水柱を分断してしまうのだ。

ここで簡単に、植物の分類について説明しておこう。植物は、コケ植物とシダ植物と種子植物の三つに大きく分けられる。さらに種子植物は、裸子植物と被子植物に分けられる。進化的にもっとも新しく出現したのは被子植物で、現在もっとも種数が多く、繁栄しているのも被子植物である。

しかし、背の高い植物は、被子植物ではなく裸子植物に多い。先ほど紹介した世界一高いセコイアも、日本一高いスギも裸子植物である。これには理由がある。

水を引き上げるために、多くの被子植物が使っているのは、道管である。前章で述べたが、道管の細胞は中身が空っぽで、上下に穴が開いている。つまり、一本のパイプになっている。

一方、裸子植物の多くは、仮道管で水を引き上げている。仮道管の細胞も中身は空っぽだが、細い細胞がたくさん集まっていて、それぞれの細胞の横に穴が開いている。そして水は、横に開いた穴を通って、たくさんの細胞の中を曲がりくねりながら進んでいくのである。

道管は太くて真っすぐなので、水をたくさん運べる。しかし、太い管は気泡ができやすい。気泡のできた道管はもう使えない。一方、仮道管は細くて、水は曲がりくねって進んでいくので、運べる水の量は少ない。その代わり、細胞が細いので気泡ができにくいし、水の通り道がいくつもあるので、気泡がいくつかできても、仮道管は使い続けられる。

つまり、道管に比べて仮道管は性能は劣るけれど、安定性では優れている。非常に背の高い樹木は、生長するのに時間がかかるし、水を運ぶパイプも長くなる。そのため、性能のよい道管よりも、安定性の高い仮道管の方が向いているのだろう。いわゆる巨木といわれるものに裸子植物が多いのは、そのためだと考えられる。

進化は進歩ではない。裸子植物よりも時代的には後で現れた被子植物の方が、優れているわけではない。それぞれに得意な環境もあれば、苦手な環境もあるのである。

植物はもっとも背が高くなる生物
世界一高いセコイアは115mを超える
その名はハイペリオン…
…カッコイイ

第10章

動物には前と後ろがある

前とは何か

私たちヒトは動物である。私たち自身が動物なので、動物はもっとも身近な生物である。そんな動物の特徴の一つは、前と後ろがあることだ。植物には前とか後ろとかいうものはないけれど、犬や魚を見れば、どちらが前でどちらが後ろか、すぐわかる。

でも、前とは何だろう。私たちは動物の何を見て、前だと思うのだろうか。

動物は動く生物である。中にはフジツボのように、ほとんど動かないものもいるけれど、たいていの動物は動く。では、動く方が前なのだろうか。

じつは、それで正しい。動く方が前なのだ。でも、話はそれだけで終わらない。

たしかに、犬が走っていれば、魚が泳いでいれば、どちらが前かは一目瞭然だ。しかし、犬や魚が止まっていても、どちらが前かが私たちにはわかる。それはなぜだろうか。眼がある方が、前なのだろうか。でも、深海魚とかには眼のないものもいるけれど、それでもどちらが前かは、すぐわかる。眼でないとすれば何だろうか。

その疑問に答えるために少し視点を変えて、動物の卵が成体になる過程を、つまり発生を考えてみよう。

受精卵から成体へ

動物の発生は、卵と精子が受精した瞬間から始まる。卵や精子はただの細胞で、一匹の動物になる力はない。しかし、卵と精子が融合した受精卵は、一匹の動物になる力を持っている。したがって、私たちの人生は、受精卵から始まるのである。

ということで、私たちは多細胞生物だが、誰しも最初は受精卵という単細胞生物だ。この受精卵が細胞分裂を始めた、発生初期の生物を胚という。発生のどの段階までを胚と呼ぶかは明確に決まっていないが、外から食物を食べるようになるまでを胚と呼ぶことが多いようだ。

さて、発生の仕方は種によってかなり異なるが、典型的な動物の発生の仕方を見てみよう【図10−1】。受精卵が細胞分裂を始めてしばらくすると、胚の内部に胞胚腔（ほうはいこう）という、液体が入った空洞が形成される。この時期の胚を胞胚と呼ぶ。

発生において、空洞は重要である。たとえば、部屋の模様替えをすることを考えてみる。

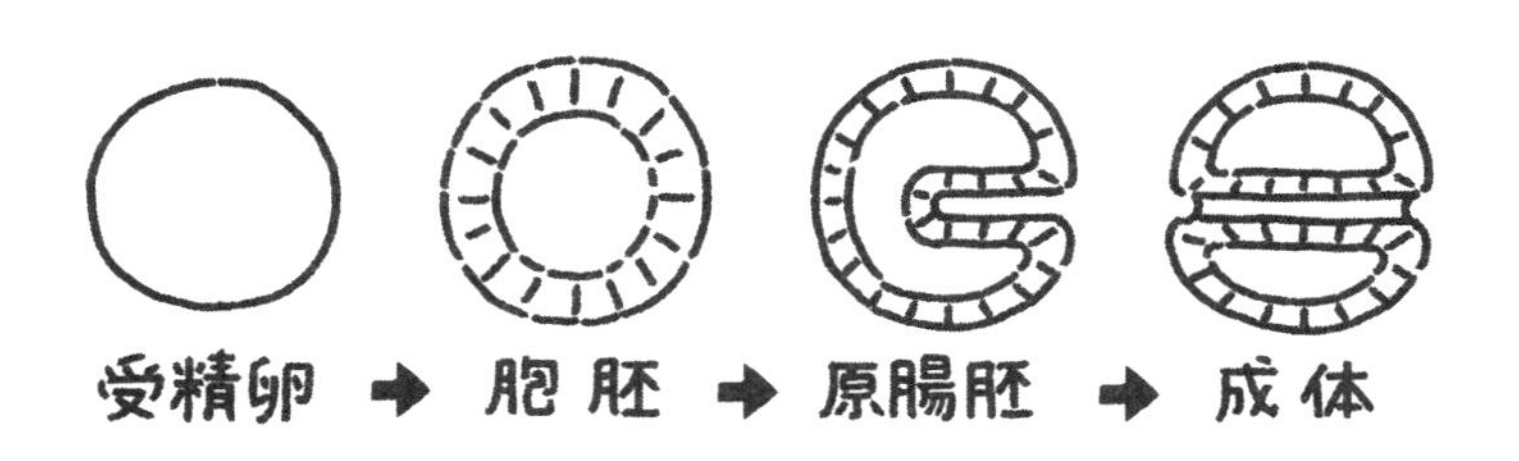

【図10-1 単純化した動物の発生】

もしも床から天井までびっしりと物が詰まっていたら、模様替えはできない。物を動かすことができないからだ。しかし、部屋の中に空間があれば、物をとりあえずその空間に移動させることができる。すると、物があったところに新しく空間ができるので、またそこに物を移動させることができる。それを繰り返せば、模様替えができる。胚の場合も同じである。胚の中に空間ができることによって、細胞がダイナミックに移動することが可能になった。そして細胞が移動できるから、さまざまな形を作ることができるようになった。

その後、胞胚の表面の一か所がへこんで、内部に陥入していく。この段階が原腸胚だ。この内部に陥入した管を原腸といい、陥入が

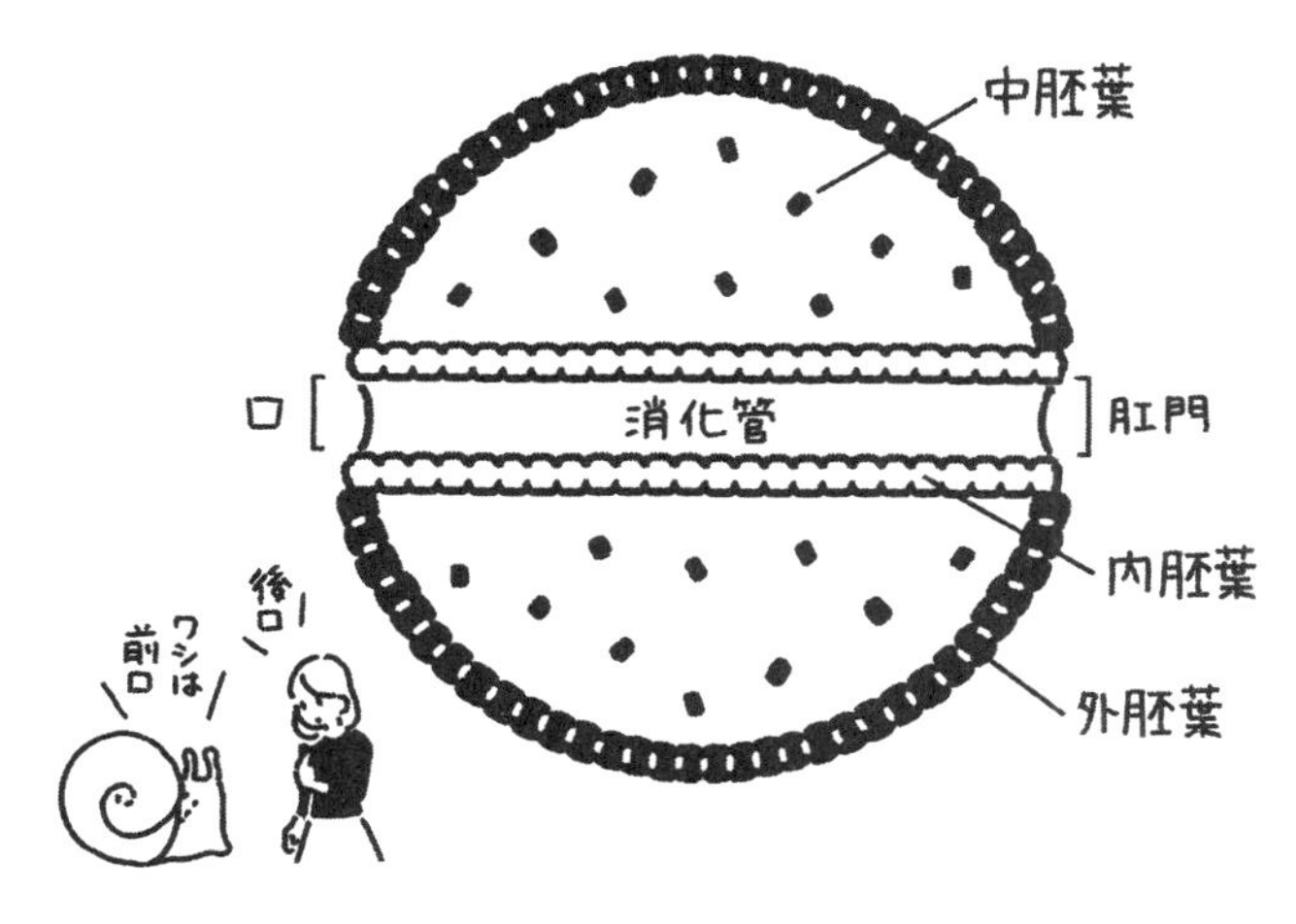

【図10-2 消化管】

始まった部分に開いた穴を原口という。原腸はダイナミックな運動を続け、ついには胚の反対側の細胞層に達する。そして、そこの細胞とつながって穴が開く。つまり、中央に穴が貫通したボールみたいな形になる。この段階を成体といい、この穴が消化管になるのである【図10―2】。

動物は、植物のように光合成ができないので、代わりに食物を食べなくてはならない。そして、食べた食物を消化管に入れて、吸収しなくてはならない。しかし、動かないでじっとしていても、なかなか食物は自ら消化管の中に飛び込んできてくれない。そこで、仕方がないから、動物の方で動くようになった。

動き方には二通りある。消化管は両側に穴が開いているので、どちら向きに動いてもよいからだ。そこで、同じ動物の仲間でも、元々は原口だった方に動くものと、その反対に動くものが現れた。どちら向きに動くにしても、消化管の片方から食物が入ってきて、反対側から出ていくわけだ。この入ってくる方の穴は口と呼ばれ、出ていく方の穴は肛門と呼ばれている。ということで、動物は二つに分けられる。原口が口になるもの（前口動物(ぜんこう)）と、原口が肛門になるもの（後口動物(こうこう)）である。

ちなみに、私たちは後口動物だ。後口動物の中の脊索(せきさく)動物の中の脊椎動物である。脊索も脊椎も、体を貫く棒のような構造だ。違いは材質で、脊索は有機物でできているが、脊椎は骨でできている。脊椎動物には魚類、両生類、爬虫類(はちゅう)、鳥類、哺乳類が含まれるが、もちろん私たちは哺乳類である（ちなみに、脊索動物だが脊椎動物でないものには、ホヤやナメクジウオがいる）。一方、エビ、カニ、昆虫などの節足動物や、タコ、イカ、二枚貝、巻貝などの軟体動物は、前口動物である。

動物が動くのは、消化管の中に食物を入れるためだ。だから、進む方に口がある。そして、進む方を前という。つまり、口がある方が前なのだ。これが、動物が動いていなくても、前後がわかる理由だ。眼でもない。鼻でもない。口がある方が前なのである。

体の外側と内側

動物の体の基本構造は、中央に消化管が貫通したボールみたいなものだと述べた。こういう構造なら、動物の体を二つの部分に分けることができる。体の外側の部分と、体の内側（消化管）の部分だ。この外側の部分を「外胚葉」、内側の部分を「内胚葉」という。また、原腸の細胞分裂によって生じた細胞が、外胚葉と内胚葉のあいだに移動すると、「中胚葉」と呼ばれる。

これら三つの胚葉からは、別々の器官が形成されていく。たとえば内胚葉からは消化管がつくられる。ただし、私たちの消化管は、ただの管ではない。管の一部が膨らんで、袋になっている。そういう袋が、消化管には、いくつもつながっている【図10－3】。これらは実質臓器と呼ばれ、唾液腺、肝臓や膵臓（すいぞう）などがあり、やはり内胚葉から作られる。

また、呼吸するための器官である肺も、ほぼ内胚葉から作られる。肺は消化には関係しないけれど、やはり消化管につながった袋だからだ。そのため、食べ物を間違えて（肺につながる）気管に詰まらせる事故（誤嚥（ごえん））が起きるのだ。

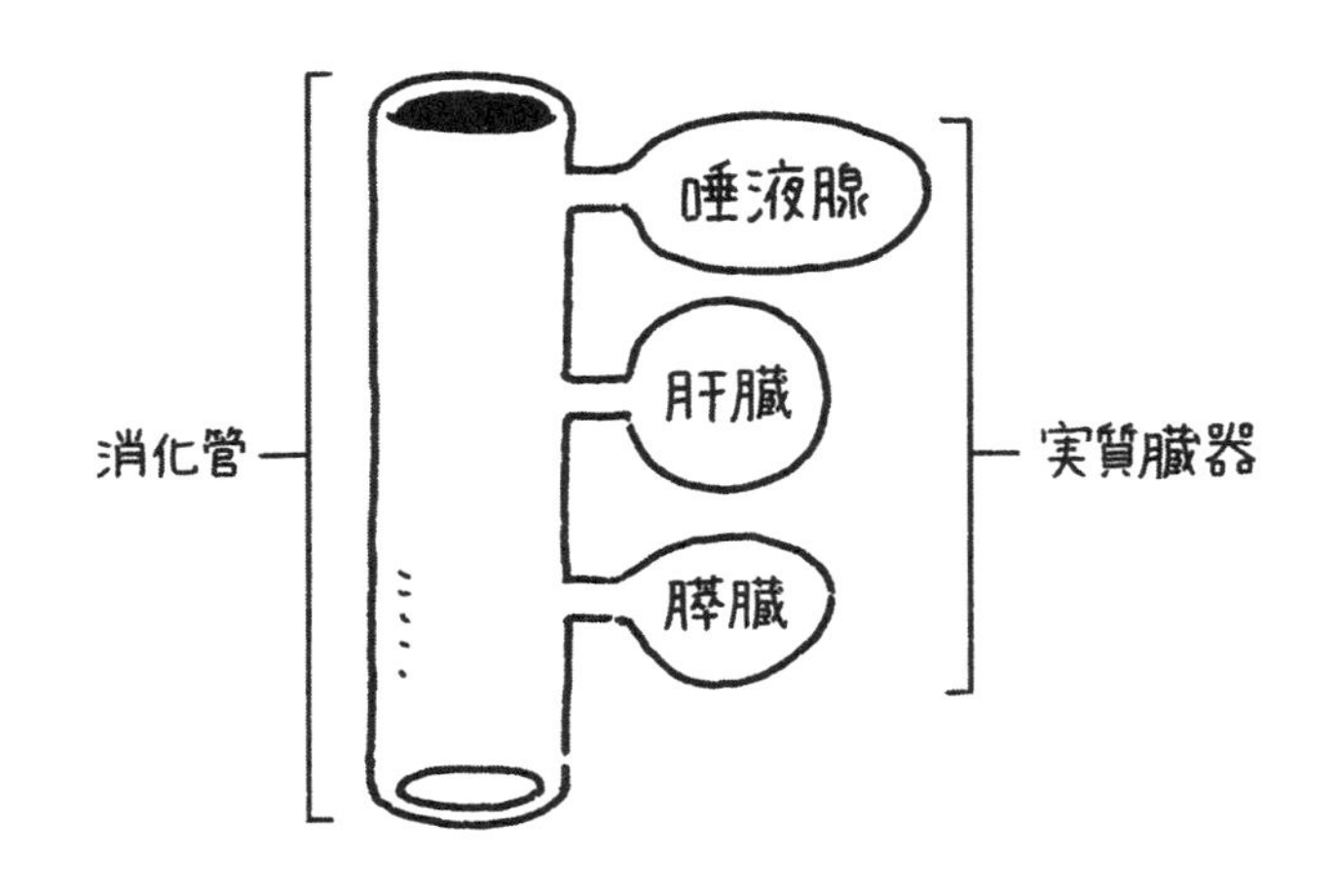

【図 10-3 消化管と肝臓、膵臓】

外胚葉からできるものとしては、表皮がある。外胚葉は体の一番外側なので、これは自然なことだろう。感覚器や神経も、ほぼ外胚葉から作られる。感覚器は外界の情報を得るための器官だし、その情報を伝えたり処理したりする神経は感覚器とつながっている。そのため、外胚葉から作られるのだろう。

中胚葉からは、骨や血液に関係した器官が作られる。骨で体を支えたり動かしたりする必要があるのは、体が大きい動物だろう。だから、中胚葉から骨が作られるようになったのは、動物の体が大きくなったことと関係がありそうだ。しかし、それ以上に、体の大型化と血液は、密接に関係していそうである。

動物は多細胞生物であり、すべての細胞に

酸素や栄養を運ぶ必要がある。体が小さかったり、面積は大きくてもカーペットのように薄かったりすれば、運ぶのは簡単だ。

水にインクを一滴落とすことを考えよう。落ちたばかりのインクは、まだ落ちたところに集まっている。それから、ゆっくりと周囲に広がり始める。これは、風が吹いたり、水を揺らしたりしたせいではない。分子や原子が、自分自身で熱運動をしているためである。だから、どんなに水を揺らさないように気をつけても、インクが広がっていくのを止めることはできない。この物理現象を拡散という。

もし動物の体が小さかったり薄かったりすれば、体の表面から吸収した酸素や栄養を、拡散だけで体の奥まで届けることができる。

しかし、体が大きくなると、そうはいかない。拡散は、止めることはできないけれど、スピードは遅い。だから、大きな動物の体の奥の細胞には、いくら待ってもなかなか酸素や栄養が届かない。そうこうしているうちに、細胞は死んでしまう。これでは、大きな動物は生きていけない。

それではどうするか。無理やり酸素や栄養を体の奥まで届けるしかない。それには、血管を作って、その中に血液を入れて、心臓というポンプで血液を、無理やり体の奥まで届ければよい。血液が、酸素や栄養を運んでくれるからだ。

さまざまな動物

今までの話で、動物とはどういうものかを簡単に説明した。この説明は多くの動物に当てはまるけれど、しかし実は、すべての動物に当てはまるわけではない。今までの話が当てはまるのは、動物の中の、左右相称動物と呼ばれるものの中の、体が外胚葉、中胚葉、内胚葉に分かれている三胚葉性のものだけだ。もっとも、動物といわれたときに、多くの人が頭に思い浮かべる動物は、ほとんどが三胚葉性の左右相称動物だろう。先ほど例に出した脊椎動物や節足動物や軟体動物は、みんな三胚葉性の左右相称動物である。

動物は大きく分けると、左右相称動物と非左右相称動物に分けられる。

私たちの体は、だいたい左右相称になっている（相称と対称は同じ意味だ）。右手と左手とか、右目と左目とか、左右が対称になっている部分が多いからだ。とはいえ、心臓は左か右のどちらか（ほとんどの人は左）にしかないし、胃や肝臓の形もあきらかに左右対称ではない。しかし、全体的に見れば、左右相称動物の体はだいたい左右対称になっている。

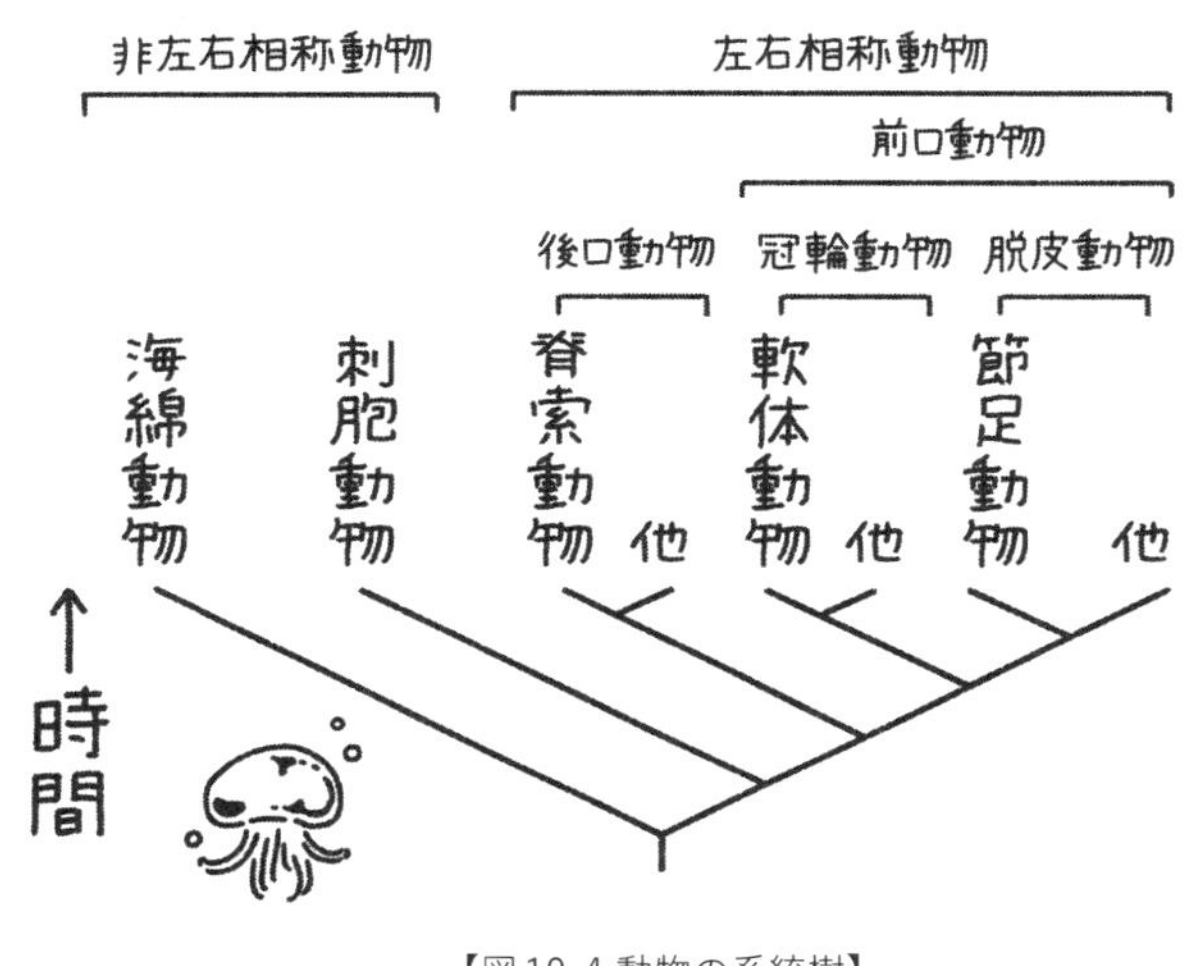

【図10-4 動物の系統樹】

はっきりした前と後ろがあるのは、左右相称動物だけである。

しかし、そうでない動物もいる。たとえば、海綿動物は非左右相称動物だ。海岸に行くと、よく茶色いスポンジみたいなものが落ちているが、あれが海綿動物だ（もちろん、もう死んでいるけれど）。いろいろな形のものがいるが、典型的なものは、壺のような形をしていて、海底に固着して生活している。壺の壁には小さな孔（あな）がたくさん開いており、外から水と栄養分を吸収して、壺の中に入れる。そして最終的には、壺の上の大きな孔から水を外に吐き出す。

海綿動物の体は、外胚葉、中胚葉、内胚葉などの胚葉に分かれていない。形もさまざまなので、左右相称動物というグループには含めない。

海綿動物以外の有名な非左右相称動物としては、クラゲやイソギンチャクが含まれる刺胞動物がいる。海を泳いでいてクラゲに刺された人がいるかもしれないが、クラゲは小さな針を持っており、それで動物などを刺すのだ。その針がある細胞を刺胞という。

【図10－4】には、簡略化した動物の系統樹（進化の道すじ）を示した。

高等な動物も下等な動物もいない

現在生きているさまざまな動物の中では、海綿動物は初期の動物に比較的似ていると考えられている。胚葉も分かれていないし、左右対称の体の構造も進化していないからだ。さらに、神経細胞や筋細胞もない。とはいえ海綿動物も、他の動物と分岐してから何億年も経っている。そのあいだにいろいろと進化しているだろうから、初期の動物とまったく同じではない。あくまで、比較的似ているという程度だ。ともあれ、海綿動物が祖先的な動物であることは確かである。しかし、よくある誤解だが、それは海綿動物が下等な動物だということを意味しない。

伝統の味を守り続ける老舗の和菓子店と、新作のスイーツが話題の新しい洋菓子店。どちらの売り上げが多いかとか、この先どちらが長く繁盛するかとか、そういう問いには意味がある（答えがわかるかどうかは別にして）。しかし、どちらが高等な店で、どちらが下等な店か、という問いに意味はないだろう。

第7章のアーキアや細菌のところで述べたことは、動物にも当てはまる。動物（というかすべての生物）は、元はといえば約四十億年前に生まれた生物の子孫である。それからみんな、同じ四十億年という時間を進化し続けて、今を生きているのだ。あの生物はより進化していて、この生物はあまり進化していない、なんてことはない。あの生物はより高等で、この生物はより下等だ、なんてこともないのである。

優劣なんてない…
多様であることが
大事なのよ…
…太るよ？

第11章

大きな欠点のある人類の歩き方

人類の二つの特徴

オオカミやシカのことを獣（けもの）ということがある。元々は「毛もの」という意味らしく、大まかには哺乳類のことを指すようだ。しかし、私たちヒトは哺乳類なのに、獣に含まれない。ヒトの毛は細いけれど、でも毛の数ならかなり多い。ハダカデバネズミやゾウに比べたら、毛がたくさんある。それでも、ヒトは獣に含まれない。

ヒトは動物である。それは明らかだが、普段の会話で使う動物という言葉には、ふつうヒトは含まれない。やはり、ヒトは他の動物とは違う、というイメージがあるようだ。

ヒトはそんなに変わった生物なのだろうか。もう少し具体的に考えてみよう。類人猿というサルの仲間がいる。ただし、ふつうのサルには尾があるが、類人猿には尾がない。したがって、類人猿は尾のないサルともいえる。

類人猿は、さらに小型類人猿と大型類人猿に分けられる。小型類人猿はテナガザルの仲間で、他方の大型類人猿に含まれるのは、チンパンジーとボノボとゴリラとオランウータンとヒトである（ヒトを類人猿に含めないことも多いが、進化的には明らかに類人猿の一

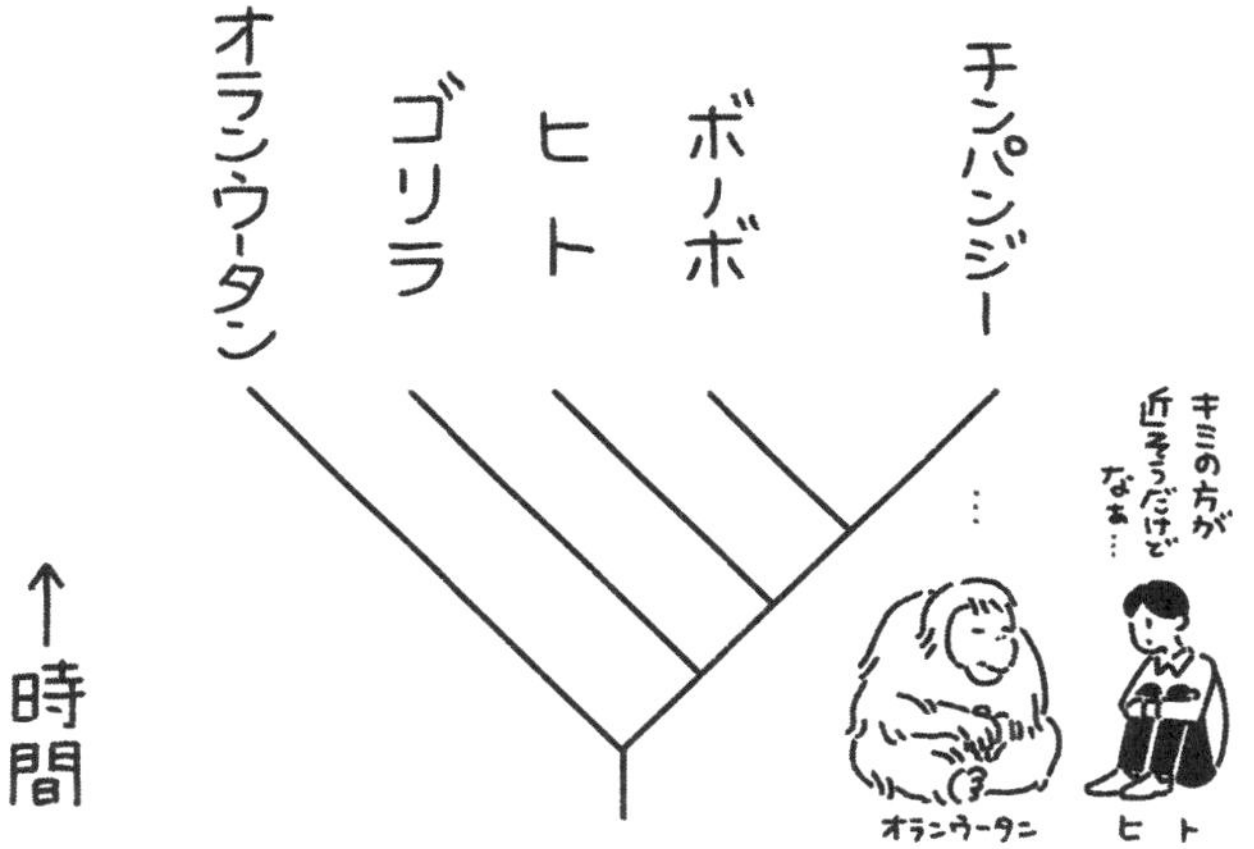

【図11-1 大型類人猿とヒトの系統樹】

種である)。

ここで、チンパンジーになったつもりで、他の類人猿を眺めてみよう。チンパンジーに一番近縁な生物はボノボである【図11－1】。二番目に近縁な生物はヒトである。そして、三番目はゴリラで、四番目はオランウータンだ(ちなみに、種が分かれたのが古いほど遠縁で、新しいほど近縁という)。

では見た目も、近縁なほど似ていて、遠縁なほど異なるのだろうか。

チンパンジーに一番近縁なのはボノボで、一番似ているのもボノボだ。ボノボは、以前はピグミーチンパンジーと呼ばれていたくらい、チンパンジーに似ている。これについては、とくに問題はない。

チンパンジーから見て、二番目に近縁なのはヒトだ。ゴリラやオランウータンよりも近縁なのだ。でも、見た目は、ヒトよりも、ゴリラやオランウータンの方がチンパンジーに似ているのではないだろうか。

チンパンジーとボノボとゴリラとオランウータンは、みんな毛むくじゃらだし、脳は五〇〇cc以下と小さいし、普段は四足歩行だし、牙がある。しかし、ヒトだけは、体毛が薄いし、脳は約一三五〇ccと大きいし、二足歩行だし、牙がない。

やはりヒトは、他の類人猿とは大きく違うようだ。ヒトはチンパンジーから見て、ゴリラやオランウータンよりも近縁であるにもかかわらず、見た目がこれほど大きく異なるということは、類人猿から分かれるときにとても大きな変化があったのだろう。いったいそれは何だろうか。

ヒトの四つの特徴の中で、どれが最初に進化したかは、化石から推測できる。それは「直立二足歩行」と「牙を失ったこと」である。この二つがほぼ同時に進化したことによって、ヒトの祖先は、他の類人猿から分かれたのである。他の二つの特徴（「体毛が薄いこと」と「脳が大きいこと」）は、もっと後の時代になってから進化したようだ。

つまり、二足歩行と牙の消失が、人類という生物を誕生させた。しかし、二足歩行と牙の消失なんて、お互いにまったく関係なさそうに思える。でも、実はそうではない。この二つが結びついたときに、人類が誕生したのである。

人類以外に直立二足歩行をする生物はいない

人類がしている二足歩行は、正確には直立二足歩行という。体幹（頭部と四肢を除く胴体の部分）を直立させて、二本の足で歩くことだ。他の二足歩行と違うのは、頭の位置だ。止まったときに頭が足の真上に来るのが、直立二足歩行である。

ただの二足歩行をする生物ならたくさんいる。ニワトリだって、ティラノサウルスだって、二足歩行をする。でも、ニワトリやティラノサウルスの頭は、肢の真上に来ない。だから二足歩行だけれど、直立二足歩行ではない。それでは、人類以外に直立二足歩行をする生物はいないのだろうか。

これは本当に驚くべきことだが、人類以外に直立二足歩行をする生物はまったくいない。およそ四十億年にもわたる生物の進化の歴史の中で、人類の出現（約七百万年前）以前には、ただの一度も直立二足歩行は進化しなかったのだ。

考えれば考えるほど、これは不思議なことだ。だって、たとえば空を飛ぶのは、直立二足歩行をするより、はるかに難しいだろう。それにもかかわらず、空を飛ぶ能力は四回も進化した。昆虫と翼竜と鳥とコウモリという四つの系統で独立に、空を飛ぶ能力が進化したのだ。それなのに、直立二足歩行は一回しか進化しなかった。直立二足歩行をするのは、空を飛ぶことよりも簡単なはずなのに、なぜ一回しか進化しなかったのだろうか。

ちなみに、人類以外の類人猿は、普段は四足歩行で移動する。たまに二足歩行もするけれど、その場合でも頭は足の真上に来ない。腰を足より後ろに突き出し、頭は足より前に来る。だから、直立二足歩行ではないのである。

直立二足歩行の利点

なぜ、直立二足歩行は一回しか進化しなかったのか。その理由を考える前に、直立二足歩行をすると、どんなよいことがあるかを考えてみよう。それには、いろいろな説がある。

一つ目は、太陽光に当たる面積が少なくなる、という説だ。アフリカのサバンナ（草原）では、強烈な日差しが照りつけてくる。しかし、サバンナには樹木が少ないので、なかなか木陰で休むわけにもいかず、熱射病になる可能性が高い。そのため、直立姿勢をとることによって、太陽光が当たる面積を減らしたというのである。たしかに四足歩行をしていれば、背中全体に太陽光が当たってしまう。一方、直立していれば、太陽光が当たるのは頭と肩ぐらいなので、かなり涼しいはずだ。

二つ目は、頭が地面から離れるので涼しくなる、という説だ。ジャングルの場合は樹木が太陽光を遮ってくれるので、それほど地面は熱くならない。しかし、サバンナの場合は太陽光が直接地面に当たるので、地面も熱くなるし、太陽光の照り返しも強い。そこで、頭部が地面から離れていれば、涼しくなるというのである。

三つ目は、遠くが見渡せる、という説だ。草原で肉食獣に襲われないためには、少しでも早く肉食獣を見つける必要がある。そのためには、立ち上がった方が遠くまで見えるのでよい、というわけだ。

四つ目は、大きな脳を下から支えられる、という説だ。私たちヒトの頭部はかなり重く、だいたいボウリングのボールぐらいある。もしも私たちが四足歩行をしていたなら、首の骨で重い頭を横から支えなくてはならない。これは、かなりつらいので、あまり頭を大きくすることはできないだろう。一方、直立二足歩行なら、重い頭を真下から支えられるので、楽なうえに姿勢としても安定する。私たちの脳が大きくなれた理由の一つは、直立二足歩行をしていたからだろう。

五つ目は、エネルギー効率がよい、という説だ。チンパンジーやボノボは一日に三キロメートルぐらいしか歩かないし、ゴリラやオランウータンが歩く距離はもっと少ない。しかし、ヒトは平気で一〇キロメートル以上歩く。ヒトの方が活動的な理由の一つは、同じ距離を歩くために少しのエネルギーしか使わないからだといわれている。チンパンジーとヒトが歩行するときに使うエネルギーを測定した実験も行われているが、やはりヒトの方がエネルギーを使わないようだ。

六つ目は、両手が空くので武器が使える、という説だ。

七つ目は、両手が空くので食料を運べる、という説だ。直立二足歩行をすると、両手を歩行以外の用途に使えるようになる。その手で何をしたかで、いくつかの説があるが、有名なものはこの二つである。

以上の七つの説は、それぞれもっともである。直立二足歩行って、結構よいものみたいだ。でも、それならどうして、直立二足歩行が今まで一度も進化しなかったのだろう。

考えてみると、一つ目から三つ目の説は、サバンナで直立二足歩行をしたときの利点で

【図11-2 直立二足歩行の主な利点】

ある。もしも、暑いサバンナで直立二足歩行をすることが有利なら、サバンナで直立二足歩行をする生物がたくさん進化しそうなものだ。でも、そんな生物は、これまで一度も進化しなかった。草原で暮らす霊長類（ヒトや類人猿も含めたサルの仲間）にはヒヒやパタスモンキーがいるが、みんな四足歩行をしているのだ。

　また近年では、人類の初期の化石が見つかったために、最初に人類が進化したのは草原ではなく、森林や疎林のような樹木がある環境だったと考えられるようになった。そのため、一つ目～三つ目の説は、人類が直立二足歩行を始めた理由としては、正しくないだろう。四つ目～七つ目の説は、森林や疎林でも成り立つので、その中には正しい説があるかもしれない。

この中のどれが正しいかを決めるためには、反対に、直立二足歩行の欠点を考える必要がある。直立二足歩行がまったく進化しなかったのは、きっと大きな欠点があるからだ。だから、直立二足歩行が進化するためには、その欠点を埋め合わせてお釣りが来るほどよいことが起きなくてはならない。

それでは、欠点を埋め合わせてお釣りが来る説を決めるために、まずは欠点を考えてみよう。

直立二足歩行の欠点

あなたは草原にいる。遠くからライオンが走ってくる。あなたは恐怖に震え、絶望するに違いない。ついに私の人生もここで終わるのか、と。

でも、もしもあなたがライオンより速く走れたら、どうだろう。ひょっとしたら、しばらくのあいだ、あなたはライオンのことを眺める余裕があるかもしれない。「おお、走ってくる、走ってくる。すごい牙をしてるなあ」とかいいながら。それからおもむろに、あなたは走り出す。ライオンの方に向かってだ。そして、ライオンがあなたに噛みつこうとすると、ひょいと体をかわす。そうしてライオンをおちょくってから、あなたは悠々と逃げていく。

でも残念ながら、実際にはこうはいかない。多分、あなたは、ライオンに捕まってしまうだろう。

ヒトは多くの動物に対して、強烈な劣等感を持っている。それは、走るのが遅いからだ。直立二足歩行の最大の欠点は、走るのが遅いことなのだ。これは、自然界で生きていくには致命的な欠点だ。

ヒトの一〇〇メートル走の世界記録は、二〇〇九年にウサイン・ボルトが出した九秒五八である。将来、ヒトはこの記録を大幅に短縮し、ついには九秒を切る日が来るかもしれない、という意見がある。ただし、それはヒトが四つ足で走れば、の話だ。

ヒトの四足走行一〇〇メートルのギネス世界記録（そういうものがあるのだ）は、二〇〇八年には十八秒五八だったが、二〇一五年には一五秒七一にまで短縮された。七年で三秒も短縮されたということは、まだ四足歩行についてはフォームなどの研究が進んでいないことを示している。ということは、これからまだまだ記録が短縮されるということだ。そして、この調子で記録が短縮されていけば、ついには九秒を切る可能性があるというのである。ちなみに、現在の世界記録保持者は日本人の、いとうけんいち、である。

将来、ヒトが四足歩行で一〇〇メートルを九秒以内で走れるようになるかどうかは、わからない。しかし、ヒトが四足歩行でもかなり速く走れることは確かだろう。ヒトのように、直立二足歩行に適応した体を持つ生物でさえ、四足歩行でこんなに速く走れるのだ。やっぱり速く走るためには、四足歩行が適しており、直立二足歩行は適していないのだ。

ひょっとしたら、初期の人類は、そもそも走ることすらできなかったかもしれない。足の指が長いので走りにくかっただろうし、走るときに使うお尻の筋肉（大臀筋〔だいでんきん〕）も発達していなかったからだ。初期の人類は、歩くときには直立二足歩行をしたが、走るときには相変わらず四つ足だった可能性もある。もっとも、初期の人類が四つ足で走っていた証拠はないので、これは想像にすぎないけれど。

ちなみに、草原にすんでいるヒヒやパタスモンキーは、霊長類の中でも非常に走るのが速い。そうでないと、草原では生きていけないのだろう。

それではなぜ、人類では直立二足歩行が進化したのだろうか。直立二足歩行は、よほどの奇跡でも起きなければ、進化しそうにないのに。その奇跡とは何かを、次章で考えてみることにしよう。

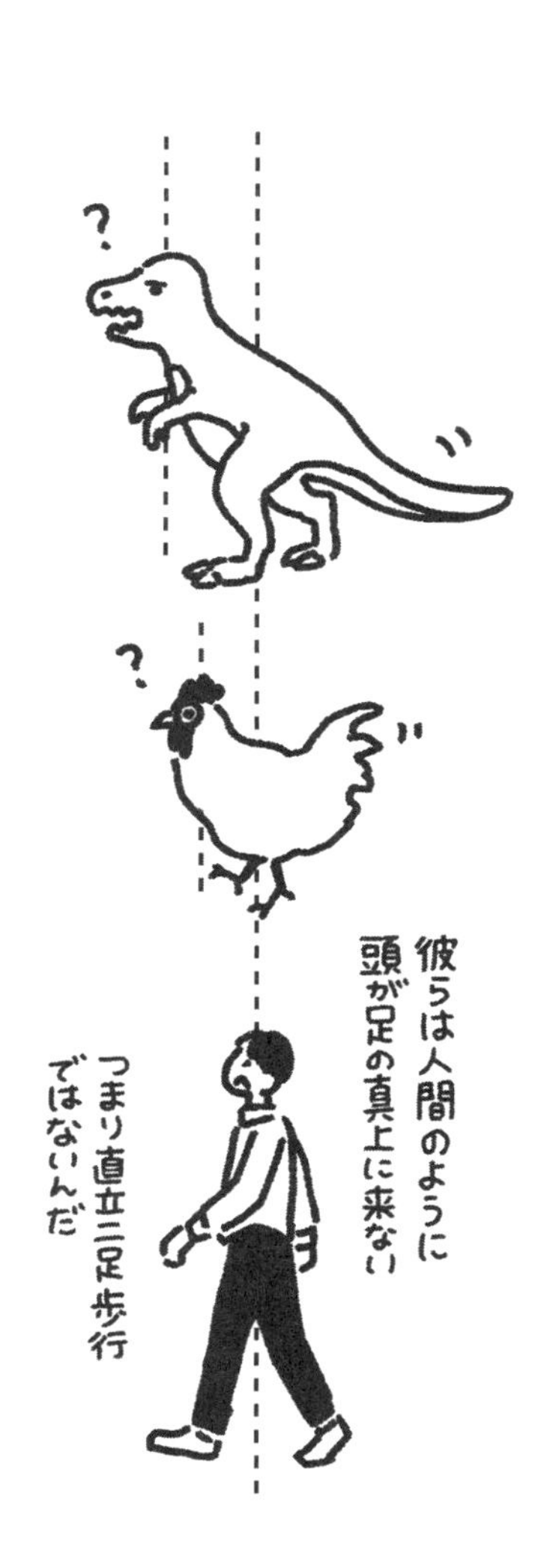

第12章

人類は平和な生物

人類は平和な生物

チンパンジーは小さなサルを襲って食べることがある。しかし、チンパンジーの食物全体の中で、肉の割合は五パーセントぐらいにすぎない。チンパンジーは基本的に植物食で、主食は果実である。ところが年や季節によって、果実があまり実らないことがある。そういうときには、群れと群れのあいだで争いが起きることもある。

チンパンジーは多夫多妻的な群れを作る。一夫一妻の場合は特定の相手が決まっているけれど、多夫多妻の場合はそうではないので、とくにオス同士でメスをめぐる争いが起きやすい。争いの数としては、このような群れの中での争いがもっとも多いようである。

チンパンジーのオス同士の争いは激しく、相手を殺してしまうことも珍しくない。こういうときに使われるのが、大きな犬歯である。つまり、牙だ。

ところが、人類の犬歯は小さい。他の歯と同じか、むしろ他の歯より小さいぐらいだ。つまり、人類には牙がない。だから人類は、相手を殺すのに苦労する。

テレビドラマでは、毎日のように殺人事件が起きる。犯人は、拳銃とか刃物とか花瓶とか、いろいろな凶器を使って人を殺す。でも、チンパンジーだったら、そんな面倒なことはしなくていい。噛めば相手を殺せるのだから、凶器なんかいらない。

私たちはライオンが恐いし、サメが恐い。でも、何が怖いのかと考えてみると、ライオンやサメに噛まれるのが怖いのだ。ライオンやサメの牙が怖いのだ。もしもライオンやサメが噛まなければ、恐怖感はずいぶん減るだろう。

ということで、動物にとって最強の武器は牙である。だから、テレビドラマの犯人は、本来なら相手に噛みつくべきなのだ。しかし、少なくとも私は、犯人が相手に噛みついて殺すテレビドラマを見たことがない。考えてみれば、これは不思議なことだ（有名なスパイ映画『007』の中で、人間を噛み殺す悪役が出てきたことはある。でも彼はサメも噛み殺すし、岩石の下じきになっても死なないし、歯も金属なので、ヒトには含めなくてよいだろう）。

それでは、どうして人類には牙がないのだろうか。牙、つまり大きな犬歯を作るには、小さな犬歯を作るより、多くのエネルギーが必要である。その分、たくさん食べなくてはならない。だから、もし牙を使わないのなら、犬歯を小さくした方がエネルギーの節約になる。そして進化の過程で、犬歯は小さくなっていくだろう。

人類の犬歯が小さくなったのは、犬歯を使わなくなったからだ。犬歯はおもに仲間同士の争いに使われていたのだから、人類は仲間同士でほとんど殺し合いをしなくなったのだろう。つまり、人類は平和な生物なのだ。

昔は人類は狂暴な生物だと思われていた

ところが昔は、人類は狂暴な生物だと思われていた。牙がなくなったのは、牙の代わりに武器を使うようになったからだと、考えられていたのである。

二十世紀の半ばごろに、レイモンド・ダートという人類学者が、アウストラロピテクス・アフリカヌスという約二百八十万〜二百三十万年前に生きていた人類の研究をしていた【図12−1】。ダートは、アウストラロピテクスの化石の近くで見つかったヒヒの頭骨に、凹みがあることを発見した。そして、この凹みは、アウストラロピテクスによってつけられたものだと考えた。動物の骨でヒヒを殴って殺したと、考えたのである。さらに、アウストラロピテクスの頭骨にも傷が見つかり、アウストラロピテクス同士も武器を使って殺し合ったと主張した。このダートの研究がきっかけとなって、次のような説が社会に広まった。

「人類は、直立二足歩行を始め、両手が自由になった。その手で骨などの武器を使って、狩りや人類同士の殺し合いを始めた。つまり、直立二足歩行を始めた人類は肉食であり、手で武器を使うようになったので、牙がなくなったのである」。

有名な映画『二〇〇一年宇宙の旅』の冒頭に、宇宙から来た謎の物体によって、猿人の知性が目覚めるシーンがある。知性に目覚めた猿人は、動物の骨を使って、狩猟や仲間同士の殺し合いを始めるのだ。これは、この説に基づいたシナリオである。

レイモンド・ダート

しかし、この説にはいくつか問題がある。

まず、ダートがこの説の直接の根拠とした、ヒヒやアウストラロピテクスの頭骨は、実は骨で殴られていなかった。ヒョウに襲われたり、洞窟が崩れたりしたために、頭骨に傷がついたことが、後の研究で明らかになったのである。

また、そもそもアウストラロピテクスは肉

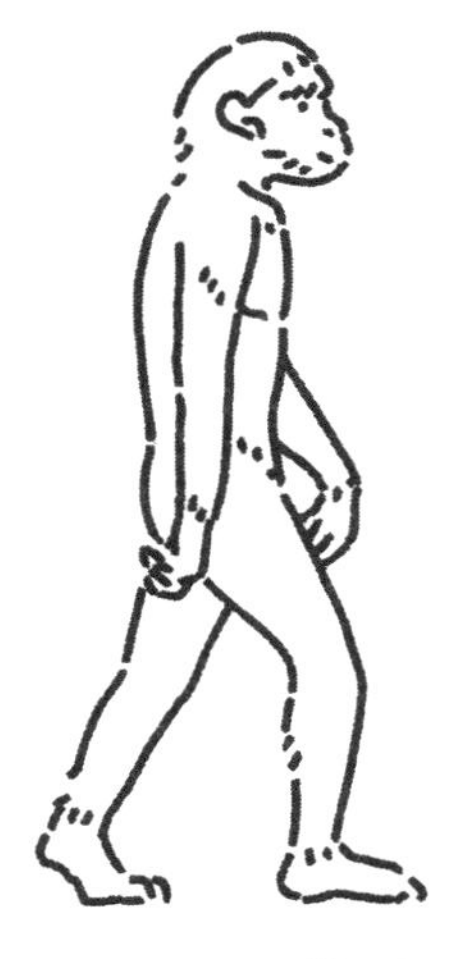

【図12-1 アウストラロピテクス】

食でなかった。腸が長かったことなどから、植物食だったと考えられる。だから、狩りはしなかっただろう。

さらに、道具を使い始めた年代も合わない。骨を道具として使い始めた年代はわからないが、石器ならわかる。最古の石器は約三百三十万年前のもので、犬歯が縮小した約七百万年前とは年代が合わない。つまり、犬歯が小さくなった約七百万年前に、武器などの道具を使った証拠は見つかっていないのである。

以上に述べたように、「人類というものは何百万年も前から狂暴な生物だったのだ」という説には根拠がない。やはり、牙がなくなったおもな原因は、人類同士（おもにオス同士）の争いが穏やかになったためと考えてよいだろう。

それでは、なぜ人類同士の争いが穏やかになったのだろうか。

仮説を検証するにはどうするか

チンパンジーの争いの中でもっとも多いのは、メスをめぐるオス同士の争いである。したがって、争いを減らすためには、メスをめぐるオス同士の争いを減らすのが一番有効だ。ということは、類人猿から分かれて人類が進化したときに、オスとメスの関係が変化したのではないだろうか。

現生の大型類人猿を調べると、オランウータンと多くのゴリラは一夫多妻、ゴリラの一部とチンパンジーとボノボは多夫多妻的な群れを作る。一夫多妻や多夫多妻の社会では、メスをめぐるオス同士の争いをなくすことは難しい。実際、現生の大型類人猿ではオス同士の争いがしばしば起きるし、それを反映して犬歯も大きい。大型類人猿の中では比較的平和な生物であるボノボでさえ、人類よりはずっと犬歯が大きいのだ。

一方、一夫一妻的な社会では、メスをめぐるオス同士の争いは少ない。ということは、約七百万年前の人類は、一夫一妻的な社会を作るようになったので、オス同士の争いが減り、犬歯が小さくなったのではないだろうか。別のいい方をすれば、類人猿の中で一夫一妻的な社会を作るようになったものが、人類になったのではないだろうか。

これは仮説である。いや、実は科学の成果はすべて仮説である。第2章で述べたことだが、ここで簡単に復習しておこう。

仮説の中には、良い仮説と悪い仮説がある。良い仮説とは、たくさんの観察や実験に

よって支持されている仮説だ。完全に一〇〇パーセント正しいとはいえないけれど、しかしほぼ一〇〇パーセント正しそうな仮説は、非常に良い仮説という意味で、理論や法則と呼ばれる。相対性理論やメンデルの法則は、非常に良い仮説である。

たとえば、超能力があるという仮説を検証するために、サイコロを振る実験をしたとしよう。自称超能力者は、サイコロの好きな目を出せるという。そこで、三を出してもらうことにした。

ふつうの人がサイコロを振れば、六分の一の確率で三が出る。だからといって、たとえばサイコロを六回振れば、必ず三が一回出るというわけではない。たまたま三が多く出ることもあるし、三が一回も出ないこともある。しかし、サイコロを何回も振れば、三が出る回数はだいたい六分の一になるはずだ。

だから、自称超能力者が一回サイコロを振って三を出したとしても、あまり説得力はない。それは超能力のせいではなく、偶然の結果かもしれないからだ。しかし、二回、三回と続けて三を出せば、超能力があるという仮説は、どんどん良い仮説になっていく。一〇〇回続けて三を出せば、これはもう、理論や法則と呼んでもよいだろう（インチキしていなければだけど）。

もちろん逆のケースもある。サイコロを何回も振って、三が出る確率が六分の一に近づいていくなら、超能力があるという仮説は、どんどん悪い仮説になっていくわけだ。

つまり仮説を検証して、その結果が仮説を支持していれば（実証されれば）、仮説は少し良い仮説になる。検証の結果、実証されたからといって、一〇〇パーセント正しい仮説になるわけではないのである。

仮説の検証の仕方にはいくつかあるが、その中の一つは、別の現象を説明できることである。

さて今は、犬歯が小さくなった理由として「約七百万年前に人類は一夫一妻的な社会を作った」という仮説が立てられた。もし、この仮説が、犬歯が小さくなったこと以外に、何か別の現象を説明できれば、この仮説はより良い仮説になる。

約七百万年前に人類に起きたことは二つあった。直立二足歩行の開始と犬歯の縮小だ。この二つに関係はないのだろうか。「一夫一妻的な社会を作った」という仮説によって、直立二足歩行の進化も説明できないだろうか。

直立二足歩行の利点と一夫一妻的な社会

直立二足歩行には移動速度が遅いという重大な欠点がある。そんな直立二足歩行が進化するには、何らかの利点が欠点を上回る必要がある。

第11章では直立二足歩行の利点を七つ挙げた。この中で、一夫一妻的な社会が成立することによって、利益が増えるものはどれだろうか。

直立二足歩行の利点に関する一つ目の説は「太陽光が当たる面積が少なくなる」という説だった。これは、一夫一妻制とは関係ない。一夫一妻制になったから、ますます太陽光が当たる面積が少なくなった、ということはないだろう。同様に二つ目の「頭部が地面から離れるので涼しくなる」という説も、三つ目の「遠くが見渡せる」という説も、一夫一妻制とは関係なさそうだ。

四つ目の「大きな脳を下から支えられる」という説も、一夫一妻制とは関係なさそうだ。時代的にも脳が大きくなり始めるのは約二百五十万年前なので、直立二足歩行が進化した約七百万年前とはタイミングが合わない。五つ目の「エネルギー効率がよい」という説も、一夫一妻制とは関係なさそうである。一夫一妻制になると歩き方が変わり、エネルギー効率がますますよくなる、なんてことはないだろう。六つ目の「両手が空いたので武器が使える」という説は、現在では否定されていることを先ほど述べた。

さて、最後の七つ目の説はどうだろうか。「両手が空くので食料が運べる」という説だ。食料を運ぶことによって、得をするのは誰だろうか。もちろん、運ぶ本人も得をするかもしれない。地面で食物を見つけた場合、その場で食べていると肉食獣が来るかもしれない。それなら、安全な木の上まで運んでから、食べた方がよいだろう。

でも、運ぶ人よりも、もっと得をする人がいる。それは運ばれる人だ。

オスが子育てに参加

一夫多妻でも多夫多妻でも一夫一妻でも、メスは子育てをする。しかし、オスが子育てをするかどうかは、場合による。つまり、一夫一妻的な社会が成立したときに、その役割が大きく変わるのは、メスではなくてオスである可能性が高い。そのため、ここではオスに注目してみよう。

四足歩行をしている類人猿の集団を考える。その集団の中のあるオスに突然変異が起きて、直立二足歩行をするようになった。

直立二足歩行をするオスは、両手を使って、子どもに食物を運ぶことができる。すると、その子どもは、食物を運んできてもらえない子どもよりも生き残る確率が高くなる。

ここまでは、多夫多妻でも一夫多妻でも一夫一妻でも、話は同じである。しかし、この先が違ってくる。まず、一夫多妻の場合は、オスが積極的に子育てに参加することは考えにくい。子どもがたくさんいるので、子育てはメスに任せることになるからだ。そこで、一夫多妻は除外して、多夫多妻と一夫一妻を比較してみよう。

多夫多妻的な社会の場合、どの子が自分の子なのかわからない。したがって、直立二足歩行によって食物を運んで生存率を高くした子どもが、自分の子どもの場合もあるし、他人の子どもの場合もある。つまり直立二足歩行をする場合もあるし、しない場合もある。そのため、直立二足歩行は増えていかない。

しかも、親のレベルで考えると、直立二足歩行をしない方が得だ。食物を子どもに運ぶために、余分に探し回るのは危険である。肉食獣に食べられる確率だって高くなる。それなら直立二足歩行なんかしない方がよい。食物を子どもに運ばないオスの方が生存率が高くなるからだ。したがって、多夫多妻的な社会では、直立二足歩行は進化しないはずである。

では一夫一妻的な社会の場合は、どうだろうか。この場合は、ペアになったメスが産んだ子は、ほぼ自分の子と考えてよい。したがって、直立二足歩行によって食物を運んで生存率を高くしてあげた子は、たいてい自分の子だ。自分の子には直立二足歩行が遺伝する。だから、直立二足歩行をする個体は増えていく。

どうやら、一夫一妻的な社会が成立すれば、直立二足歩行が進化しそうである。でも、最後に一つ、忘れてはいけないことがある。直立二足歩行には移動速度が遅いという欠点がある。利点があっても、その欠点を上回らなくては、利点は進化しない。果たして、そんなに利点は大きいのだろうか。

進化で重要なのは子どもの数

自然選択説によれば、有利な特徴を持った個体は増えていく、つまり有利な特徴は進化すると考えられる。

たとえば、サバンナにすむチーターは、走るのが速い方が有利だろう。だから、走るのが速いという特徴が進化したのだろう。でもそれは、走るのが速いことが直接進化に結びついたわけではない。走るのが速いために、残せる子どもの数が増えたので、その結果、走るのが速いという特徴が進化したのである。要するに、子どもの数を増やす特徴だけが、自然選択で進化するのである。

どんなに素晴らしい特徴でも、子どもの数を増やさない特徴は、自然選択で進化しない。たとえば、難しい計算ができるという特徴が、進化するかどうかは微妙である。難しい計算ができるのはよいことのような気がする。でも、それって子どもの数と関係があるだろうか。もし無ければ、自然選択では進化しないのだ。

そう考えると、「両手が空くので食料が運べる」という特徴は、かなり進化しやすい特徴であることがわかる。なぜなら、子どもの数に直結するからだ。子どもの数を直接的に増やす特徴には、自然選択が強力に作用する。つまり、一夫一妻的な社会では、直立二足歩行に自然選択が強力に作用する。その結果、直立二足歩行の欠点を利点が上回り、地球の歴史上初めて、直立二足歩行をする生物が進化したのだろう。

犬歯が小さくなった理由として「約七百万年前に人類は一夫一妻的な社会を作った」という仮説が立てられた。この仮説を検証するため、これが直立二足歩行の進化も説明できるかどうかが検討された。その結果、この仮説によって、直立二足歩行の進化も説明できることがわかった。したがって、この仮説は少し良い仮説になった。

正直にいって、それほど強い仮説ではない。しかし、現時点では、これが最良の仮説と考えられる。約七百万年前に人類は一夫一妻的な社会を作りつつ、直立二足歩行と小さな犬歯を進化させたのだろう。人類は平和な生物なのだ。

直立二足歩行により
私たちは両手が空いた
だから
自分の子どもに
食料が運べる！
エッサ
ホイサッ
？

第13章

減少する生物多様性

肉食獣に食べられることも必要

前章では、人類が一夫一妻的な社会を作るようになったために、直立二足歩行と小さな犬歯が進化した可能性が高いことを述べた。

それはよいとして、直立二足歩行の欠点はどうなったのだろうか。「走るのが遅い」という欠点が改善されないまま、直立二足歩行は進化したのだろうか。食物を手に持って地面をのろのろと移動していたのだろうか。

直立二足歩行に関しては、初期の人類よりも、今の私たち（ヒト）の方が得意だ。私たちは、多くの四足獣より移動速度が遅いけれど、初期の人類よりは速い。そんな私たちでさえ、何も持たずにサバンナの真ん中に立っていたら、生きた心地がしないだろう。だって、ライオンやヒョウに出合ったら、一巻の終わりだ。逃げたって、追いつかれてしまうのだから。ましてや初期の人類が、手に食物を持ってうろうろしていたら、あっという間にみんな食べられて、絶滅してしまうのではないだろうか。

いや、少し落ち着いて考えてみよう。つい私たちは、「全か無か」といった感じで、両

【図13-1 オオカミ】

極端だけを考えてしまいがちだ。でも実際には、中間的な場合がほとんどだ。肉食獣にまったく食べられないわけでもないし、すべての個体が食べられてしまうわけでもない。ほとんどの動物は、少しは食べられるけれど絶滅もしないで、がんばっているのである。

それに、もしもまったく肉食獣に食べられなかったら、人口は爆発的に増えてしまう（現在の地球はその状況に近い）。人口をだいたい一定に保つためには、肉食獣に食べられることが必要なのだ。

たとえば、一九二六年にアメリカのイエローストーン国立公園では、オオカミが人間によって根絶された【図13－1】。オオカミがいなくなったためにシカが増え、植物を大量に食べてしまった。そのため森林は荒廃し、樹木が残っている地域はかつての五パーセントほどに減少した。その後もいろいろあったのだが、結局一九九五年にオオカミを人為的に再導入したおかげで、緑豊かな森林がよみがえった。もちろんシカも、ある程度はオオカミに食べられながら、絶滅もしないで生息している。そんな例もあるので、初期の人類だって、ある程度は肉食獣に食べられて当然なのだ。

ちなみに、オオカミを再導入した後のイエローストーン国立公園では、シカはだいたい一万数千頭、オオカミはだいたい二〇〇頭ぐらいで安定しているようだ。肉食獣って、意外と少ないのだ。だから、肉食獣が初期の人類を、お腹がいっぱいになるまで食べたとしても、なかなか人類を絶滅させるところまでは、いかないだろう。人類以外の獲物だって、たくさんいたはずだし。要はバランスの問題なのだ。

最初の話に戻ると、やはり初期の人類は、それなりに肉食獣に食べられただろう。でも、それは仕方がないし、必要なことでもある。少しは肉食獣に食べられなければ、人口が爆発的に増えてしまう。

それに、初期の人類が住んでいたのは、だだっ広い草原ではない。森林よりは木が少ないにしても、それなりに木が生えている疎林（そりん）に住んでいた。だから、運がよければ助かることもあっただろう。すぐ近くに木があれば、そして肉食獣が少し遠くにいれば、食物を放り出して木に登ることで、命拾いをしたかもしれないのだ。そう考えると、直立二足歩行は草原では進化しそうにない。そして実際に、直立二足歩行は疎林で進化したのだ。人類がおもな生活の場を草原に移したのは、それから何百万年も後の話である。

初期の人類は、しばしば肉食獣に襲われた。その結果、食べられてしまうこともあったし、助かることもあった。その結果、人類は絶滅することもなく、爆発的に増えることもなく、現在に至るまで生き続けることができたのだろう。

多様性が高いと生態系は安定する

以上に述べたように、生物はお互いに関係し合って生きている。それは、初期の人類と肉食獣のような、食べる・食べられるの関係だけではない。資源を奪い合って競争したり、花とハチのようにお互いに助け合ったり、さまざまなタイプの関係がある。

さらにいえば、生物に影響を与えるのは、他の生物だけではない。光や水などの生物以外の環境も、大きな影響を与えている。このような生物とその周りの環境を、すべて含めて生態系という。

　どんな生物でも、一人で生きていくことはできない。生物は必ず生態系の中で生きている。だから生物にとっては、生態系が崩壊せずに安定して存在し続けることが大切だ。そのためには、いろいろな種類の生物がいた方がよい。

　たとえば、ある年に干ばつが起きたとしよう。そのとき、乾燥に弱い植物しかいなければ、その多くは枯れてしまう。そのため、光合成による有機物の生産は激減する。すると、光合成で作られる有機物に頼っていた動物なども激減し、中には絶滅するものもいるだろう。そうして、生態系は大きなダメージを受ける。

　一方、乾燥に弱い植物だけでなく、乾燥に強い植物もいたとしよう。その場合は干ばつが起きても、光合成による有機物の生産はそれほど減らない。そのため、動物などが絶滅することもない。生態系は大きなダメージを受けることなく、干ばつがすぎれば、再び以前のような生態系が回復するだろう。さらに、乾燥に強い植物も一種でなく何種もいた方が、生態系が安定する。

　このように、種は異なるが、役割は同じ生物が複数いることを「冗長性」という。このような冗長性も含めて、いろいろな種類の生物がいることを「生物多様性」という。

ちなみに、一九九二年にブラジルのリオ・デ・ジャネイロで開かれた国連環境開発会議（地球サミット）で採択された生物多様性条約では、生物学的多様性（biological diversity）という言葉が使われていた。その後、生物学的多様性という考えを広く社会に普及させるために、愛称として生物多様性（biodiversity）という言葉が作られた。一部では、生物学的多様性と生物多様性を違う意味の言葉として使い分ける流儀もあるようだが、ここでは大勢にしたがって、同じ意味として使うことにする。

生物多様性条約では生物多様性を、「種内の多様性」「種の多様性」「生態系の多様性」を含むものとして定義されている。

種内の多様性は、同じ種に属する個体同士の違いのことで、個性と呼ぶこともある。たとえば、私たちヒトは、一人一人顔立ちも体格も性格も体質も異なる。こういう個性の違いを、種内の多様性というのである。

種の多様性は、異なる種がどれくらいいるか、ということだ。たとえば、人類の種の多様性とは、人類に属する種がどれくらいいるか、ということだ。約七百万年前に人類が誕生してから、いろいろな人類の種が現れた。そして地球上には、たいてい何種もの人類が同時に生きていた。しかし、約四万年前にネアンデルタール人が絶滅すると、とうとう私たちヒトは一人ぼっちになってしまった。今の地球上には、人類はヒト一種しかいない。現在の人類の種の多様性は、非常に低い状態なのである。

生態系の多様性は、異なる種類の生態系がどれくらいあるか、ということだ。生態系にはさまざまなものがある。広大な森林や小さな池も、それぞれ一つの生態系を作っている。地球全体を一つの生態系とみなすこともできる。また、私たちの腸の中も、莫大な腸内細菌が一つの生態系を作っている。

ヒトは地球に何をしてきたか

ところで、生物多様性が高いというのは、たんに種数が多いという意味ではない。もちろん種数が多い方が生物多様性は高いのだが、それだけではないのだ。

たとえば、A島にもB島にも、ヒトと木という二種の生物が、合わせて一〇〇個体いたとしよう。A島にはヒトが五〇人いて、木は五〇本生えていた。一方B島では、ヒトが九九人いて、木は一本しか生えていなかった。この場合はB島よりもA島の方が、生物多様性が高いと考える。B島の生態系よりA島の生態系の方が、安定性が高いのは明らかだろう。なにしろB島では、木が一本枯れただけで、種が一つ消えてしまうのだから。このように生物多様性においては、種類の多さだけでなく、「均等度」も重要である。

さてB島では、均等度が低いために、生物多様性が低かった。この均等度が低いというのは「木が一本しかないから」ともいえるけれど、逆に「ヒトが九九人もいるから」ともいえる。つまり、一種が爆発的に増加するのも、やはり生物多様性を低くするのだ。現在の地球でもっとも深刻な問題は、ヒトが爆発的に増加していることなのである。このため

【図13-2 リョコウバト】

地球という生態系は、著しく不安定になっている。

ヒトは、生物多様性の高い森林を、生物多様性の低い農地などに変えてきた。また、生物が何十億年もかけて化石燃料の形に変化させた二酸化炭素を、再び大気中へと解放してきた。このように、ヒトは環境を操作する能力が非常に高い。そのうえ人口が爆発的に増えているので、地球の多くの場所が、ヒトにとって都合がよいように変化させられてきた。

そのため、さまざまな生物が次々に絶滅しているのが現状である。生物多様性はどんどん減少しているのだ。たとえば、リョコウバトは、かつては北アメリカでもっとも個体数が多い鳥だった【図13－2】。五〇億羽ぐらい生息していた、という推定もある。ところがヨーロッパからの移民による開拓のために、リョコウバトのすみかである森林が減少した。そのうえ肉を食べるために乱獲された。その結果、十九世紀の百年間を通じてリョコウバトは激減し、ついに一九一四年に絶滅してしまった。

もっとも、このような生物多様性を減少させる活動は、最近に限ったことではない。たとえば、現在のギリシャには「白亜の崖、そして青い空と海」といった美しいイメージがある。しかし、古代文明が栄える前のギリシャは、森林の多い肥沃（ひよく）な土地だった。古代ギリシャ人はこの豊かな土地で、まれに見る大規模な自然破壊を行い、森林を消滅させて山をハゲ山にしてしまった。そして、ギリシャを緑のイメージから白のイメージに変えてしまったのである。生物多様性がいかに激減したかは想像に難くない。

なぜ生物多様性を守らなければならないか

それでは、なぜ生物多様性を守らなくてはならないのだろうか。この問いに答えることは、実はそう簡単ではない。

まず、最初に思いつく答えは、ヒトにとって役に立つから、というものだろう。ヒトが生態系から受ける利益を「生態系サービス」というが、その生態系サービスの源泉は生物多様性である。つまり私たちは、生物多様性のおかげで、生態系サービスを受けることができるのだ。

生態系サービスにはいろいろなものがある。生態系は、食べるための魚や家を建てるための木材を、私たちに与えてくれる。これは直接的な生態系サービスの例である。また、きれいな水や空気も、私たちが生きていくために必要なものなので、生態系サービスである。さらに、芸術家がきれいな景色を見て絵を描いたり、子どもが自然と触れ合うことによって健やかに成長したりするのも生態系サービスに含まれる。

一方、ヒトの役に立たなくても、生物多様性は守らなくてはならないという考えもある。時代によって、ヒトが受ける生態系サービスは変化する。だから、これから先、どんな生態系サービスが重要になるかわからない。そのため、現在生態系サービスを生み出している生物多様性だけでなく、今は何の役にも立っていない生物多様性も守らなければならないという考えである。もっとも、これも究極的には、ヒトにとって役に立つから、という考えだけれど。

さらにはヒトとは無関係に、地球の生物システムそのものが貴重だから、という考えもある。これは立派な考えで、まったくその通りだといいたくなる。いいたくなるけれど、やはり地球の生物すべてを対等に扱うことは難しい。私たちが病気になったときに、病原体である細菌の命の尊さを考えたら、病院になんて行けない。もしも抗生物質を薬としてもらったら、そしてそれを飲んだら、細菌が死んでしまう。そんなかわいそうなことはできない。でも、なかなか、そういうわけにもいかないし。

それは極端にしても、たとえば、オオカミを日本に導入するという計画はどうだろうか。もともと日本にはオオカミがいた。北海道にはエゾオオカミが、本州と四国と九州にはニホンオオカミが生息していた。ともに明治時代には絶滅したが、その後シカやイノシシが増えて、農作物などの被害が問題になっている。そこで、日本の生態系を昔のように回復させるために、海外からオオカミを連れてきて日本に放すことが、一部で計画されている。しかし、野生のオオカミがいたら、ヒトが襲われる危険性は非常に高い。それでもオオカミを日本に復活させるべきだろうか。

これらの問題には、唯一の正解はないのかもしれない。もしもヒトのことだけを考えて、自然をどんどん破壊していったら、そのうちヒトは地球上で生きていけなくなるだろう。しかし、自然のことだけを考えて、ヒトのことをまったく考えなかったら、病院にも行けないし、オオカミにも食べられてしまうし、それはそれで生きていけないかもしれない。それらの両極端のあいだで、ヒトはいろいろな意見を持つのだろう。

こういうふうに、いろいろな意見を持つこと自体も、生物多様性だ。すべてのヒトが同じ意見を持つのは危険なことなのだ。それはヒトを含む生態系を危うくさせるから。

第 1 4 章

進化と進歩

そんなにヒトは偉いのだろうか

私たちは、すべての生物の中で、ヒトが一番偉いと思いがちである。その理由はよくわからないが、おそらく脳が大きくて、いろいろなことを考えられるからだろう。もしかしたら、自分自身がヒトだから、ということも関係しているかもしれない。この、ヒトが一番偉いという考えは、今に限ったことではなく、昔からあったようだ。

中世から近代初期にかけて、キリスト教を基礎にしたスコラ哲学の学者たちは、「存在の偉大な連鎖」というものを考えていた。それは、世界に存在するすべてのものを、石ころから神へと上っていく階級制度に組み込んだものである。「存在の偉大な連鎖」において、ヒトは生物の中では一番上で、天使のすぐ下に位置している。

この「存在の偉大な連鎖」は何百年も前の考えなので、今でもそのまま信じている人は少ないだろう。しかし、「存在の偉大な連鎖」から天使や神などを除いて、生物の部分だけを抜き出したらどうだろう。いろいろな生物がいて、その中でヒトが最上位に位置している。こういう感覚は、今でも多くの人が持っているのではないだろうか。

もちろん、何を偉いと思おうが、それは人の自由である。ヒトが一番偉いと思おうが、カブトムシが一番偉いと思おうが、それは個人的な問題であって、いっこうに構わない。構わないけれど……それが事実だといわれると、少し問題が出てくる。ヒトが一番偉いと個人的に思うのは構わないが、ヒトが一番偉いのは客観的な事実であると主張されると、少し変なことになってくる。とくに、進化について考えたときに、変なことになってくる。

ダーウィンではなくスペンサー

進化論というとチャールズ・ダーウィン（一八〇九〜一八八二）が有名だが、生物が進化するという考えはダーウィン以前からあった。古くは古代ギリシャまで遡れるが、ここではダーウィンが生きていた十九世紀の状況を見てみよう。

ダーウィンの『種の起源』が出版されたのは一八五九年だが、それより十五年前の一八四四年に、イギリスのジャーナリストであるロバート・チェンバーズ（一八〇二〜一八七一）が『創造の自然史の痕跡』を出版した。この本の中で進化論が論じられている。その進化論は、生物だけでなく、宇宙や社会などすべてのものが進歩していくというものだった。そのような進化を、チェンバーズは「発達（development）」という言葉で表した。

また、イギリスの社会学者であるハーバート・スペンサー（一八二〇〜一九〇三）も『種の起源』が出版される前から進化論を主張していた。スペンサーもチェンバーズと同様に、生物だけでなく宇宙や社会などすべてのものが進化していくと考えていた。ちなみに、現在「進化」のことを英語で「エボリューション（evolution）」というが、これはスペンサーが広めた言葉である。進化の意味で「エボリューション」を使ったのはスペンサーが初めてではないが、人気のあった彼が使ったことで、この語は広く普及したのである。

チャールズ・ダーウィン

ロバート・チェンバーズ

このようにダーウィンと同時代の進化論者たち（チェンバーズはダーウィンより七歳年上で、スペンサーは十一歳年下）は、進化を進歩とみなしていた。こういう考えの根底には、「存在の偉大な連鎖」と共通する「生物の中でヒトが最上位」という考えがあったのだろう。

一方、ダーウィンは、進化を意味する言葉として「世代を超えて伝わる変化」（descent with modification）をよく使っていた。この言葉には進歩という意味はない。しかし、この言葉は広まらなかった。広まったのは「エボリューション」の方だ。つまり、十九世紀のイギリスで広く普及したのは、ダーウィンの進化論ではなくて、スペンサーの進化論だった。そして残念ながら、その状況は二十一世紀の日本でも変わらないようだ。名前としてはスペンサーよりもダーウィンの方が有名だけれど、進化論の中身としてはスペンサーの進化論が広まっているのである。

ハーバート・スペンサー

でも、スペンサーの進化論は、本当に間違

いなのだろうか。進化には進歩という側面だってあるのではないだろうか。

トカゲはヒトより優れている？

私たちの祖先は海にすんでいた。何億年も前の私たちの祖先は、魚だったのだ。その魚の一部が陸上に進出して、私たちに進化した。もちろん陸上に進出するためには、体のいろいろな部分を変化させなくてはならなかった。

【図14－1】の系統樹Aは、脊椎動物から六種（魚類のコイ、両生類のカエル、爬虫類のトカゲ、鳥類のニワトリ、哺乳類のイヌとヒト）を選んで、それらの進化の道すじを示した系統樹である。陸上生活に適応する進化的変化はたくさん起きたが、その中の三つを黒い四角で示してある。

脊椎動物の体はたくさんのタンパク質でできている。そして古くなったタンパク質は分解されて体の外に捨てられる。タンパク質が分解されると、どうしてもできてしまうのがアンモニアである。

アンモニアは有害な物質なので、体の外に捨てなければならない。でも、昔はとくに困

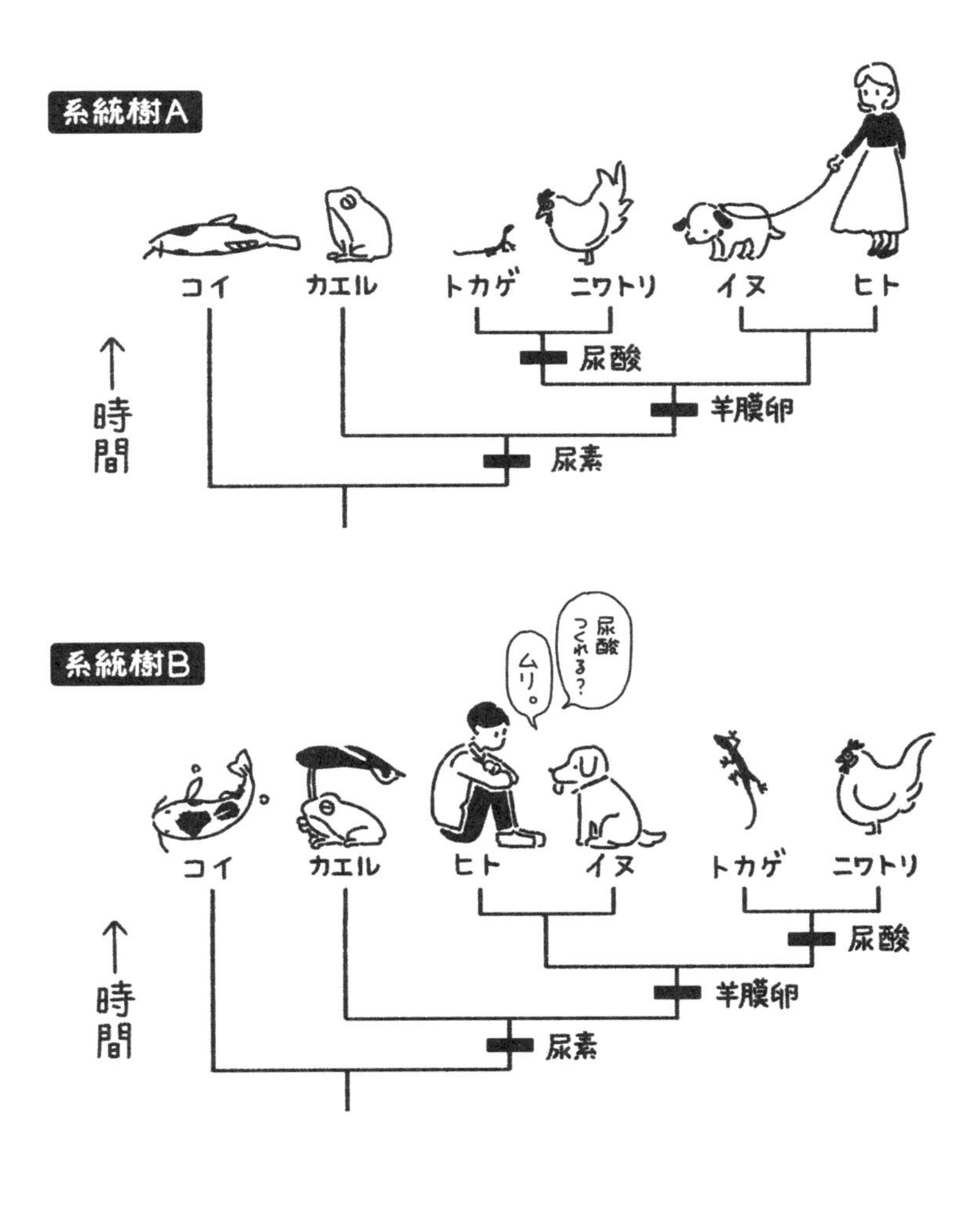
系統樹A
コイ
カエル
トカゲ
ニワトリ
イヌ
ヒト
尿酸
羊膜卵
尿素
時間
系統樹B
尿酸つくれる？
ムリ。
コイ
カエル
ヒト
イヌ
トカゲ
ニワトリ
尿酸
羊膜卵
尿素
時間

【図14-1 二つの系統樹】

らなかった。私たちの祖先は魚類であり、海や川にすんでいたからだ。体の周りに大量の水があるので、アンモニアを捨てるために水がいくらでも使えたからである。

しかし、陸に上がった両生類には、そういうことができない。陸上には水が少ないので、なかなかアンモニアを捨てられない。でも、アンモニアは有毒なので、あまり体の中に溜めておけない。そこで、とりあえずアンモニアを尿素に作り変えるように進化した。これが系統樹の中の一番下の黒い四角である。尿素も無毒ではないが、アンモニアよりは毒性が低いので、ある程度なら体の中に溜めておくことができるのだ。

それでも両生類は、水辺からあまり離れて生活することができない。その理由の一つは、卵が柔らかくて、すぐに乾燥してしまうからだ。だから、ほとんどのカエルは卵を水中に産む。水辺を離れて生活するためには、つまり、さらに陸上生活に適応するためには、卵が乾燥しない工夫をしなければならない。

その工夫を進化させた卵が羊膜卵である（真ん中の黒い四角）。羊膜卵とは、簡単にいうと、羊膜で作った袋の中に水を入れ、その中に胚（発生初期の子ども）を入れた卵である。袋の中の水に、子どもをボチャンと入れておけば、乾燥しないからだ。さらに卵の外側に殻を作って、乾燥しにくくしている。この羊膜卵を進化させた動物は羊膜類と呼ばれ、水辺から離れて生活することができるようになった。この初期の羊膜類から、爬虫類や哺乳類が進化した（間違えやすいが、爬虫類から哺乳類が進化したわけではない）。そしてさらに、爬虫類の一部から鳥類が進化したのである。

爬虫類や鳥類にいたる系統では、さらに陸上生活に適した特徴が進化した。尿素を、尿酸に作り変えるような進化が起きたのである（一番上の黒い四角）。

尿酸も尿素のように毒性が低い。でも尿酸には、その他にもいいことがある。尿酸は水に溶けにくいので、捨てるときにほとんど水を使わなくていいのだ。

陸上にすんでいる動物にとって、水を手に入れるのは大変なことである。だから、水はなるべく捨てたくない。それなのに、私たちは結構たくさんの尿を出して、水をたくさん捨てている。もったいない話である。一方、ニワトリやトカゲは、尿をあまり出さない。ニワトリやトカゲが、イヌみたいに大量の尿を出している姿を見た人はいないはずだ。それは、尿素を尿酸に変える能力を進化させたからである。

つまり、哺乳類は両生類よりも陸上生活に適応しているが、爬虫類と鳥類は哺乳類よりもさらに陸上生活に適応しているのである。

ヒトは進化の最後の種ではない

ところで【図14－1】の系統樹Aと系統樹Bは、同じ系統関係を表している。しかし、見た目の印象はだいぶ違う。よく目にするのはAのような系統樹だ。これだと、ヒトは進化の最後に現れた種で、一番優れた生物であるかのような印象を受ける。

しかし陸上生活への適応という意味では、Bのような系統樹の方がわかりやすい。トカゲやニワトリの方がヒトより陸上生活に適応しているからだ。系統樹Bを見ると、ニワトリが進化の最後に現れた種で、一番優れた生物であるかのような印象を受ける。

もちろん、進化の最後に現れた種は、ヒトでもニワトリでもない。というか、コイもカエルもヒトもイヌもトカゲもニワトリも、すべて今生きている種だ。だから、みんな進化の最後に現れた種ともいえる。コイもカエルもヒトもイヌもトカゲもニワトリも、生命が誕生してからおよそ四十億年という同じ長さの時間を進化してきた生物なのだ。そして、陸上生活という点から見れば、この系統樹の中で一番優れた種はトカゲとニワトリなのである。

もしも「走るのが速い」ことを「優れた」というのなら、一番優れた生物はイヌだろう。「泳ぐのが速い」のはコイだろうし、「計算が速い」のはヒトだろう。何を「優れた」と考えるかによって、つまり何を「進歩」と考えるかによって、生物の順番は入れ替わるのだ。

さっきは「陸上生活に適した」ことを「優れた」と考えたが、「水中生活に適した」ことを「優れた」と考えれば、話は逆になる。トカゲは、陸上生活に適した特徴が発達したが、それは水中生活に適した特徴が退化したことを意味する（ちなみに「退化」の反対は、「進化」ではなく「発達」である。生物の持つ構造が小さくなったり単純になったりするのが退化で、大きくなったり複雑になったりするのが発達だ。「退化」も「発達」も進化の一種である）。「水中生活に適した」ことを「優れた」と考えれば、もちろん一番優れた生物はコイになる。

いろいろと考えてみると、客観的に優れた生物というものは、いないことがわかる。陸上生活に優れた生物は、水中生活に劣った生物だ。走るのに優れた生物は、力に劣った生物だ。チーターのように速く走るためには、ライオンのような力強さは諦めなくてはならないのだ。

そして、計算が得意な生物は、空腹に弱い生物だ。脳は大量のエネルギーを使う器官で

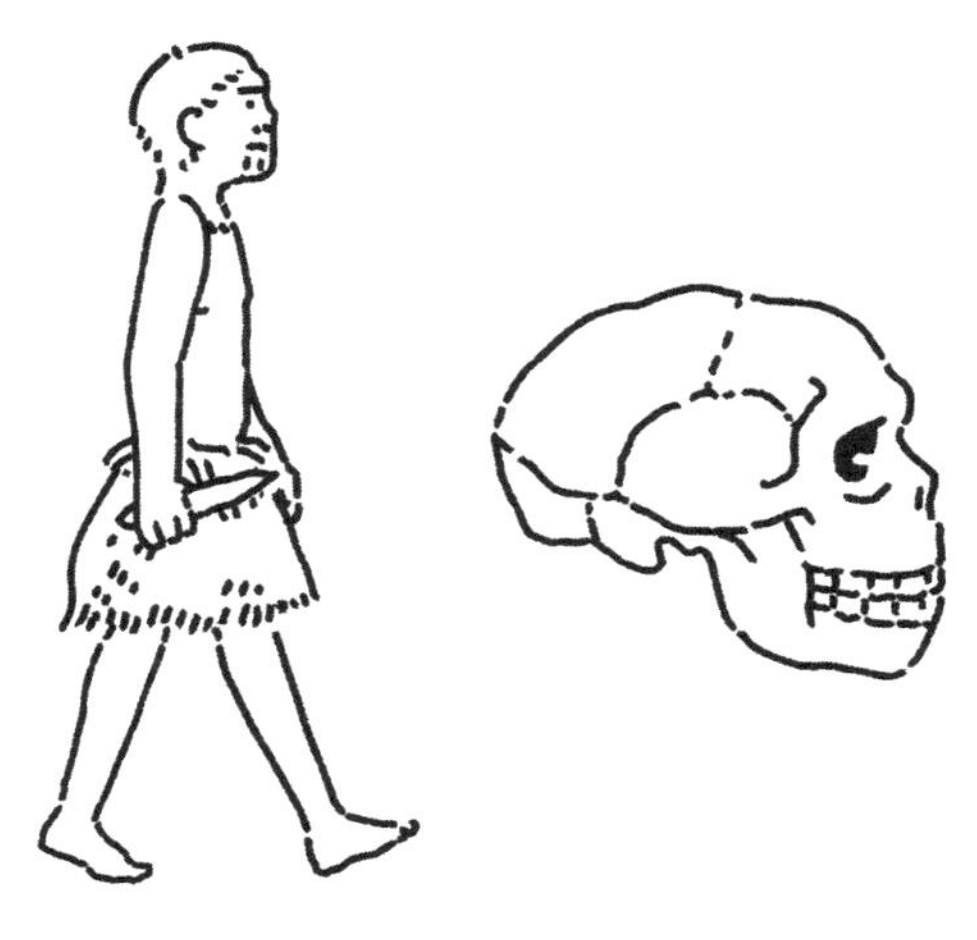

【図14-2 ネアンデルタール人】

ある。私たちヒトの脳は体重の二パーセントしかないにもかかわらず、体全体で消費するエネルギーの二〇〜二五パーセントも使ってしまう。大きな脳は、どんどんエネルギーを使うので、その分たくさん食べなくてはいけない。もしも飢饉が起きて農作物が取れなくなり、食べ物がなくなれば、脳が大きい人から死んでいくだろう。だから食糧事情が悪い場合は、脳が小さい方が「優れた」状態なのだ。

実際、人類の進化を見ると、脳は一直線に大きくなってきたわけではない。ネアンデルタール人は私たちヒトより脳が大きかったけれど、ネアンデルタール人は絶滅し、私たちヒトは生き残った【図14－2】。その私たちヒ

 トも、最近一万年ぐらいは脳が小さくなるように進化している。これらの事実が意味することは、脳は大きければ良いわけではないということだ。

「ある条件で優れている」ということは「別の条件では劣っている」ということだ。したがって、あらゆる条件で優れた生物というものは、理論的にありえない。そして、あらゆる条件で優れた生物がいない以上、進化は進歩とはいえない。生物は、そのときどきの環境に適応するように進化するだけなのだ。

生物が進化すると考えた人はダーウィン以前にもたくさんいた。でも、チェンバーズもスペンサーも、みんな進化は進歩だと思っていた。進化が進歩ではないことを、きちんと示したのは、ダーウィンが初めてなのだ。それではダーウィンは、なぜ進化は進歩でないと気づいたのだろう。

「存在の偉大な連鎖」を超える進化

進化が進歩ではないとダーウィンが気づいた理由は、生物が自然選択によって進化することを発見したからだ。ここで間違えやすいことは、自然選択を発見したのはダーウィンではないということだ。ダーウィンが発見したのは「自然選択」ではなくて「自然選択によって生物が進化すること」だ。

自然選択について簡単に説明しておこう。自然選択は二つの段階から成る。

一つ目は、遺伝する変異（遺伝的変異）があることだ。走るのが速い親に、走るのが速い子どもが生まれる傾向があれば、走る速さの違いは遺伝的変異である。一方、トレーニングで鍛えた筋肉は子どもに伝わらないので、それは遺伝的変異ではない。

二つ目は、遺伝的変異によって子どもの数に違いが生じることだ。つまり、走るのが遅い個体より、走るのが速い個体に子どもがたくさんいる場合などだ。ここでいう子どもの数は、単に生まれる子どもの数ではない。生まれた後にどのくらい生き残るかも、考えに入れなくてはならない。具体的には、親の年齢と子どもの年齢を同じにして数えればよい。たとえば、親の数を二十五歳の時点で数えたら、子どもの数も、二十五歳まで生き残った子どもで数えればよいのだ。

この二つの段階を通れば、子どもの数が多くなる遺伝的変異を持った個体が、自動的に増えていく。考えてみれば、自然選択なんて簡単だ。要するに、走るのが速いシカより、走るのが遅いシカの方が、ヒョウに食べられて減っていくということだ。そんなこと、誰だって気づくだろう。実際、その通りで、『種の起源』が出版される前から、生物に自然選択が働いていることは常識だった。当時、進化に興味がある人なら、誰だって知っていた。それなのに、どうしてダーウィンが自然選択を発見したように誤解されているのだろうか。

実は、自然選択はおもに二種類に分けられる。安定化選択と方向性選択だ。

安定化選択とは、平均的な変異を持つ個体が、子どもを一番多く残す場合だ。たとえば、背が高過ぎたり、反対に背が低過ぎたりすると、病気になりやすく子どもを多く残せない場合などだ。この場合は、中ぐらいの背の個体が、子どもを一番多く残すことになる。つまり安定化選択は、生物を変化させないように働くのである。

一方、方向性選択は、極端な変異を持つ個体が、子どもを多く残す場合だ。たとえば、背が高い個体は、ライオンを早く見つけられるので逃げのびる確率が高く、子どもを多く残せる場合などだ。この場合は、背の高い個体が増えていくことになる。このように方向性選択は、生物を変化させるように働くのである。

ダーウィンが『種の起源』を出版する前から、安定化選択が存在することは広く知られていた。つまり当時は、自然選択は生物を進化させない力だと考えられていたのである。

ところが、ダーウィンはそれに加えて、自然選択には生物を進化させる力もあると考えた。ダーウィンは、方向性選択を発見したのである。

方向性選択が働けば、生物は自動的に、ただ環境に適応するように進化する。たとえば気候が暑くなったり寒くなったりを繰り返すとしよう。その場合、生物は、暑さへの適応と寒さへの適応を、何度でも繰り返すことだろう。生物の進化に目的地はない。目の前の環境に、自動的に適応するだけなのだ。こういう進化なら明らかに進歩とは無関係なので、進化は進歩でないとダーウィンは気づいたのだろう。

地球には素晴らしい生物があふれている。小さな細菌から高さ一〇〇メートルを超す巨木、豊かな生態系をはぐくむ土壌を作る微生物、大海原を泳ぐクジラ、空を飛ぶ鳥、そして素晴らしい知能を持つ私たち。こんな多様な生物を方向性選択は作り上げることができるのだ。もしも進化が進歩だったり、世界が「存在の偉大な連鎖」だったりしたら、つまり一直線の流れしかなかったら、これほどみごとな生物多様性は実現していなかっただろう。私たちが目にしている地球上の生物多様性は、「存在の偉大な連鎖」を超えたものなのだ。

進化というと
一方向を想像
しがちだけど…

実際の進化は
網目のように
進むのかもね

第15章

遺伝のしくみ

積み重ねが大切

現在の地球上で多様性を持つものは、生物だけではない。鉱物にも、ルビーや水晶など多くの種類があるし、空に浮かんでいる雲にも、入道雲やうろこ雲などさまざまな種類がある。しかし、地球上でもっとも多様性が高いものは、やはり生物だ。第13章で述べたように、現在、生物多様性は減少しつつあるが、それでも他のものに比べれば、圧倒的に高い多様性を持っている。どうして生物は、こんなに多様なのだろうか。

最近は昔ほど流行(はや)っていないようだが、子どものおもちゃにブロックというものがある。何種類か大きさの違うブロックがあり、それらをお互いにはめれば、いろいろな形を作ることができる。

ある日、子どもがブロックで家を作ったとしよう。そして、遊び終わると家は分解されて、バラバラのブロックに戻して箱にしまわれる。ふつうは、こういうことが繰り返される。遊び終わるたびにリセットされて、毎日、一から作り始めなければならないので、それほど複雑なものは作れない。

しかし、遊び終わっても片付けなかったら、どうなるだろう。たとえば、ブロックで家を作ったら、遊び終わってもそのまま置いておくのだ。そして次の日には、前の日に作ったブロックの家からスタートする。その家に新たに二階をつけてもいいし、周りに庭を作ることもできる。半分壊してリニューアルしたっていい。そして遊び終わると、またそのままにしておく。こういうことを繰り返せば（そしてブロックがたくさんあれば）、どんどん複雑なものを作ることができる。

そして、「複雑なものを作れる」ということは「さまざまなものを作れる」ということを意味する。ブロックが少ししかなければ、簡単なものしか作れないので、多様性は低くなる。複雑さは多様性を生み出すのだ。そのためには、遊び終わっても片付けないで、積み重ねていくことが大切だ。

生物と雲の違いは、積み重ねがあるかないかだ。雲の場合は、親雲から子雲ができるわけではない。雲ができるときは、一々リセットされて最初から作られる。だから、多様性はそれほど高くならない。しかし生物の場合は、親から子が産まれる。そうして特徴が積み重なっていくので、多様性は高くなっていくのである。

遊び終わってもブロックを片付けないことは、生物では遺伝に相当する。子が親の特徴を引き継ぐからこそ、積み重ねることができ、そして多様な生物が生まれたのだ。

ちなみに、生物は単純になることもできる。複雑になるばかりではなく単純になることもあるので、さらに生物多様性は高まったことだろう。このような生物多様性を作り出す基礎となった遺伝とは、どのようなものだろうか。

生物の遺伝情報

私たちヒトの細胞には、核膜で包まれた核という構造がある。その核の中に、四六本の染色体が入っている。染色体はおもにタンパク質とＤＮＡでできている。生物の遺伝情報は、このＤＮＡという分子に書き込まれている。

タンパク質もＤＮＡも、ひものように長い分子である。タンパク質は、アミノ酸がペプチド結合でたくさんつながったもので、ＤＮＡはヌクレオチドがホスホジエステル結合でたくさんつながったものである【図15－1】。ヌクレオチドは、糖とリン酸と塩基が結合した分子だ。糖とリン酸の部分は、ＤＮＡを構成するどのヌクレオチドでも同じだが、塩基は四種類ある。この四種類の塩基の、ＤＮＡの中での並び方が、後で述べる遺伝情報に

タンパク質

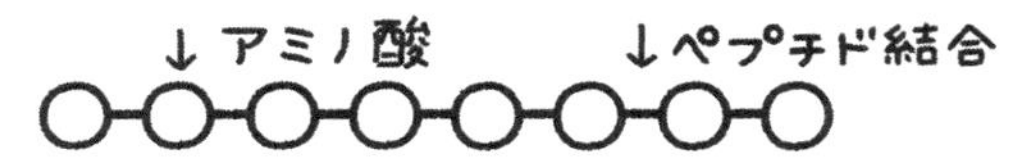

DNA

【図15-1 タンパク質とDNA】

なっているのである。

ペプチド結合もホスホジエステル結合も、結合するときに水素二原子と酸素一原子（つまり水一分子に相当する）が外れるのが特徴だ【図15－2】。そのため、逆にタンパク質やＤＮＡを分解するときには、水を加える必要がある。つまり、タンパク質やＤＮＡは加水分解される分子である。

ＤＮＡを少しくわしく見てみよう。ヌクレオチドは三つの部分からできている。糖とリン酸と塩基だ【図15－3】。糖とリン酸はＤＮＡのどの部分でも同じだが、塩基はアデニン（Ａ）とチミン（Ｔ）とグアニン（Ｇ）とシトシン（Ｃ）の四種類がある。そのため、ヌクレオチドがたくさんつながると、四種類の塩

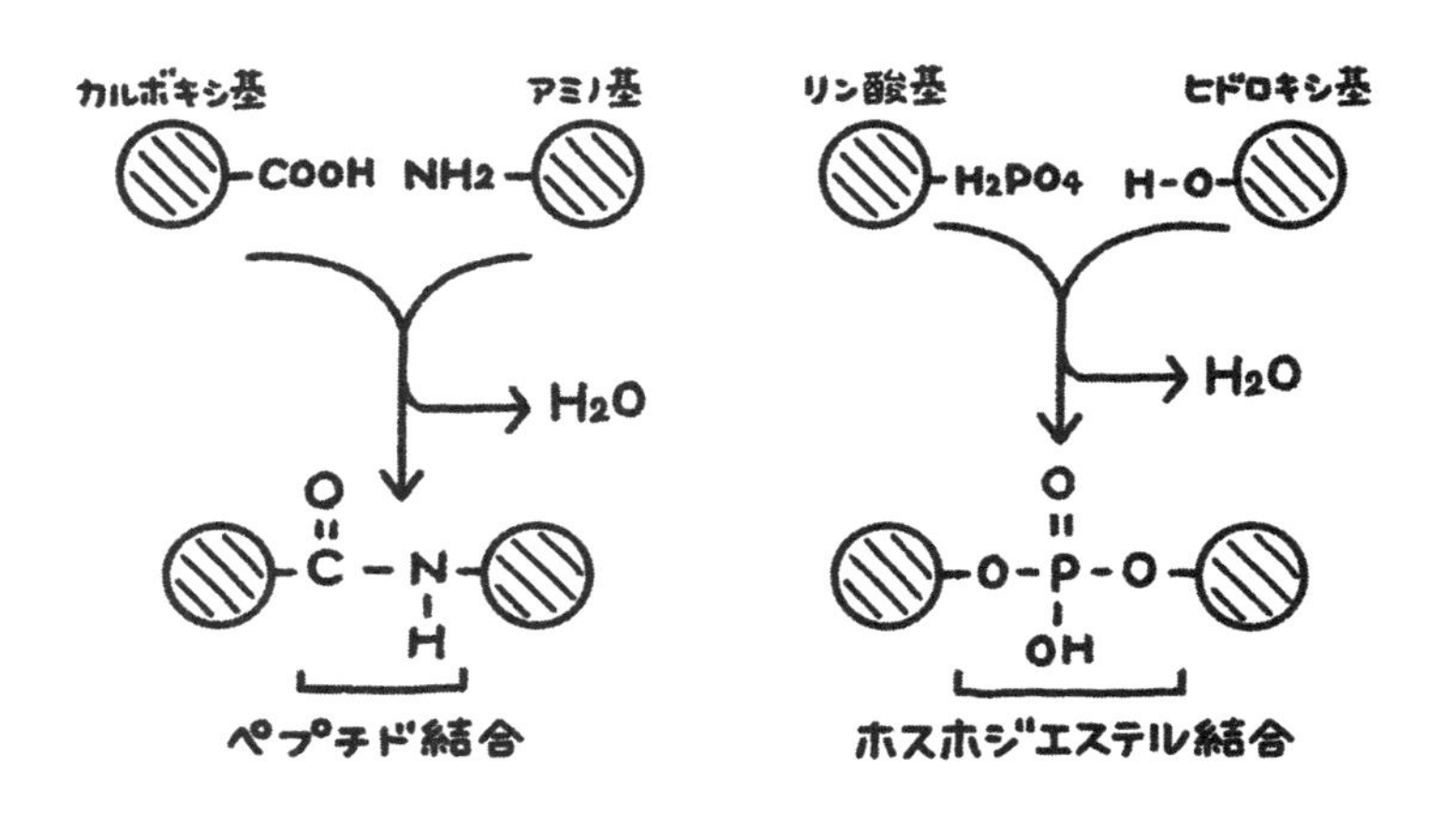

【図15-2 ペプチド結合とホスホジエステル結合】

基がいろいろな順番で並ぶことになる。たとえばＡＡＴＣＧＧＡとか、そんな感じだ。この塩基の並び方、つまり塩基配列が、おもな遺伝情報になっている。

この四種類の塩基には、素晴らしい特徴がある。それは、特定の塩基としか結合しないことだ。具体的には、ＡとＴが結合し、ＧとＣが結合する。これ以外の組み合わせでは結合しない。ＡとＣは結合しないし、ＧとＧのような同じ塩基同士も結合しない。この性質を使えば、たとえばＡＡＴＣＧＧＡという塩基配列を持つＤＮＡを鋳型(いがた)にして、ＴＴＡＧＣＣＴというＤＮＡを作ることができる。さらにそのＤＮＡを鋳型にすれば、最初のＤＮＡと同じ塩基配列を持つＤＮＡを新

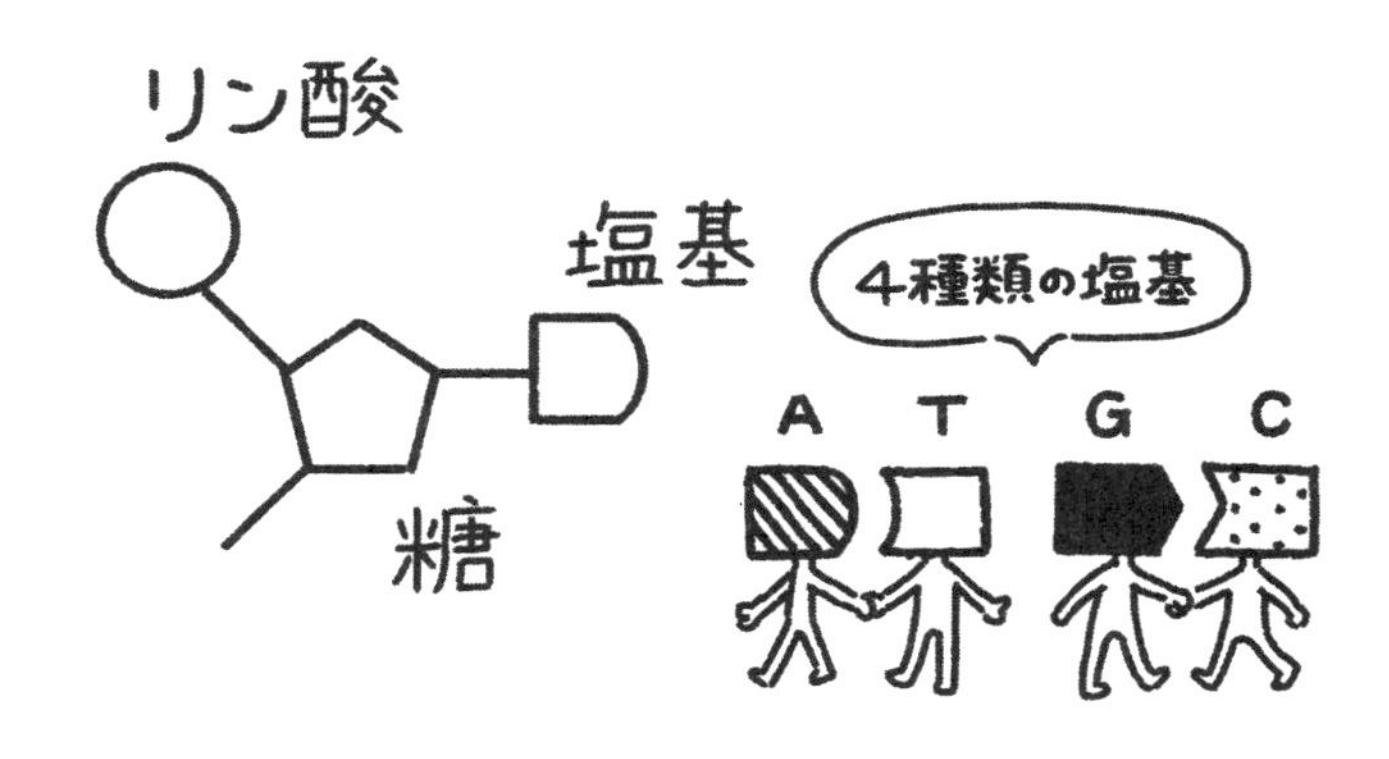

【図15-3 ヌクレオチド】

しく作ることもできる。したがってＤＮＡという分子は、複製を簡単に作れるのだ。そのため、一つの細胞（母細胞）が細胞分裂して二つの娘細胞になるときにＤＮＡを複製すれば、両方の娘細胞に同じＤＮＡを受け渡すことができる。つまり、親から子どもにＤＮＡを受け渡すことができるのである。

　このようにＤＮＡでは塩基が重要なので、ＤＮＡを作っているヌクレオチドの数について、少し変わった数え方をする。たとえば、ヌクレオチドが五個つながったＤＮＡのことを「五ヌクレオチドのＤＮＡ」とはいわずに、「五塩基のＤＮＡ」というのである。「五ヌクレオチドのＤＮＡ」の方が正しいのだが、「五塩基のＤＮＡ」という慣習になっている。

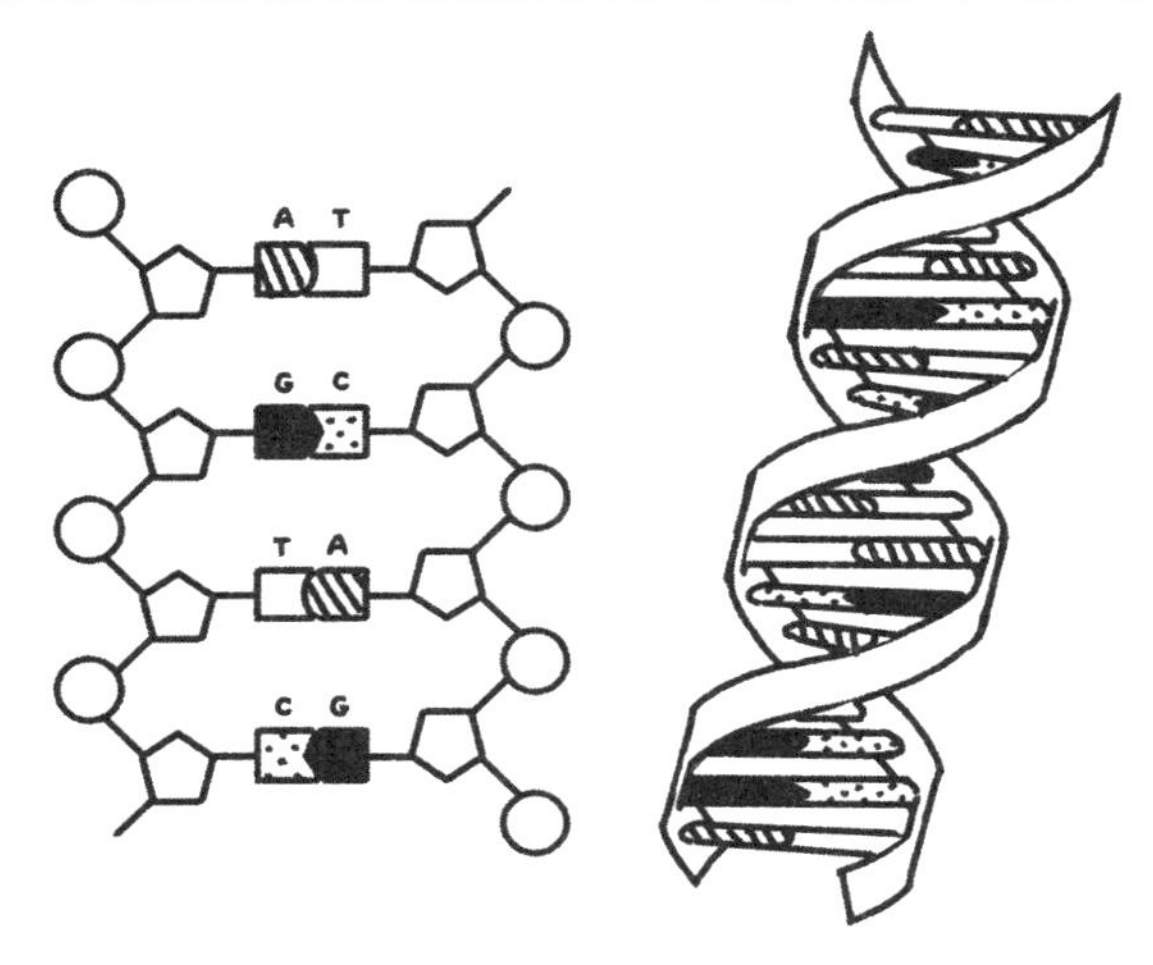

【図15-4 四塩基対のＤＮＡと二重らせん構造】

そこで、本書でも「五塩基のＤＮＡ」ということにする。

ＤＮＡは二本鎖になっていることが多い。たとえば【図15－4】は、四塩基のＤＮＡが二本鎖になっている図である。こういう場合は「対」をつけて、「四塩基対のＤＮＡ」という。

ＤＮＡが二本鎖になっている理由は、塩基どうしが結合しやすいからだ。たとえば同じＤＮＡの中でも、ＡとＴあるいはＧとＣは結合しやすい。だからＤＮＡは、いわばセロハンテープのような分子である。塩基が突き出している側、つまりペタペタとくっつく面と、塩基がない側、つまりツルツルとしてくっつかない面があるのだ。こういうＤＮＡを一本の状態で、長く伸ばしておくことは難しい。すぐにペタペタとくっついて折りたたまれ、収拾がつかなくなってしまう。

でも、二本鎖になっていれば、そういうことはない。もしも二本のセロハンテープが、ぴったりと貼りあわされて、ペタペタとくっつく面が外側に露出していなければ、長く伸ばしておくことができる。そして必要なときだけ、一部を剥がせばいいのだ。DNAの場合も、塩基配列を読むときには、二本鎖を外して一本鎖にする。

タンパク質はDNAの塩基配列から作られる

DNAの塩基配列が情報として使われるときは、RNAというDNAに似た分子に塩基配列が転写される。そしてRNAの塩基配列をもとにアミノ酸を並べて、タンパク質を合成する。具体的にはDNAやRNAの三つの塩基が、タンパク質の一つのアミノ酸に対応している。たとえばAGCという三つの塩基は、セリンという一つのアミノ酸に対応している。このような三つの塩基（コドンと呼ぶ）と一つのアミノ酸の対応の仕方を遺伝暗号という【図15－5】。

1文字目	2文字目				3文字目
	U	C	A	G	
U	UUU フェニルアラニン	UCU セリン	UAU チロシン	UGU システイン	U
	UUC フェニルアラニン	UCC セリン	UAC チロシン	UGC システイン	C
	UUA ロイシン	UCA セリン	UAA 終止	UGA 終止	A
	UUG ロイシン	UCG セリン	UAG 終止	UGG トリプトファン	G
C	CUU ロイシン	CCU プロリン	CAU ヒスチジン	CGU アルギニン	U
	CUC ロイシン	CCC プロリン	CAC ヒスチジン	CGC アルギニン	C
	CUA ロイシン	CCA プロリン	CAA グルタミン	CGA アルギニン	A
	CUG ロイシン	CCG プロリン	CAG グルタミン	CGG アルギニン	G
A	AUU イソロイシン	ACU トレオニン	AAU アスパラギン	AGU セリン	U
	AUC イソロイシン	ACC トレオニン	AAC アスパラギン	AGC セリン	C
	AUA イソロイシン	ACA トレオニン	AAA リシン	AGA アルギニン	A
	AUG メチオニン*	ACG トレオニン	AAG リシン	AGG アルギニン	G
G	GUU バリン	GCU アラニン	GAU アスパラギン酸	GGU グリシン	U
	GUC バリン	GCC アラニン	GAC アスパラギン酸	GGC グリシン	C
	GUA バリン	GCA アラニン	GAA グルタミン酸	GGA グリシン	A
	GUG バリン	GCG アラニン	GAG グルタミン酸	GGG グリシン	G

*開始コドン

【図15-5 遺伝暗号表】

コドンの中には、アミノ酸に対応しているものだけでなく、RNAからタンパク質への翻訳を開始させる合図となるもの（開始コドン）や、翻訳を終了させる合図となるもの（終止コドン）もある。ただし、開始コドンはメチオニンというアミノ酸に対応したコドンと兼用になっている。

タンパク質を作っているアミノ酸にはたくさんの種類がある。しかし、作られたばかりの出来たてのタンパク質では、たいていアミノ酸は二〇種類（まれに二一種類。ヒトでも二一番目のアミノ酸といわれるセレノシステインを使うことがある）である。その後、化学反応によってアミノ酸を変化させることがあるので、たいてい一つのタンパク質を作っているアミノ酸は二〇種類より多くなるわけだ。

一方、RNAの塩基は四種類しかない。RNAでは、DNAのTの代わりにウラシル（U）が使われているが、その他の三つの塩基はDNAと同じなので、RNAの塩基も合計四種類になる。塩基を三つ並べたコドンは、四×四×四＝六四種類あるので、二〇種類のアミノ酸を指定することができる（というか、コドンの種類の方が多いので、異なるコドンが同じアミノ酸を指定することもある）。

タンパク質は化学反応などの生命現象を実際に行う分子である。生物にとって一番重要な分子といっても過言ではない。その分子の作り方（アミノ酸配列）が、DNAの中に塩基配列として書かれている。ではなぜ、DNAからタンパク質を作るときに、途中にRNAが入るのだろうか。

私たちのDNAの大部分は、細胞の核の中にある（一部のDNAはミトコンドリアにあるが、その長さは核の中のDNAの約二〇万分の一である）。一方、タンパク質を作るリボソームという構造は、核の外にある。そのためRNAが情報の運び屋をしているのだ。核の中でDNAの塩基配列を転写したRNAは、核の外に出てきて、リボソームでタンパク質を合成するのである。リボソームはおもにタンパク質とRNAから成り、RNAの遺伝情報にしたがってアミノ酸をつなげて、タンパク質をつくる働きをしている。

ちなみに遺伝子という言葉をよく聞く。私も本書の中で何回も使っている。ところが、遺伝子という言葉には明確な定義がない（逆にそこが便利なので、よく使われるのだろう）。一応DNAの中で、一つのタンパク質を作るためにアミノ酸を指定している部分を、一つの遺伝子とすることが多いようだが、DNAのそれ以外の部分を含めることもあるし、そもそもDNAを使わない定義もある。たとえば「子葉を黄色にする遺伝子」のように目に見える特徴の原因となるものを遺伝子と呼んだ場合は、DNAの中のいくつもの部分が関係していることもある。

DNAの塩基配列以外の遺伝情報

　私たちの人生は受精卵から始まる。受精卵は、精子と卵が受精してできた一つの細胞であるが、この時点ではまだ核が一つになっていない。精子から来た雄性前核と卵から来た雌性前核という、二つの核がある。これらの核は、DNAの塩基配列という点からは同等なはずである。したがって、受精卵の中に雄性前核と雌性前核が一つずつでなくても、たとえば雌性前核が二つであっても、正常に発生するはずだと考えられる。

　そこで、マウスを使って実験がなされた。受精卵から前核を一つ抜いて、他の受精卵から前核を一つ移植したのだ。すると、雄性前核を二つ、あるいは雌性前核を二つ持つ受精卵は、正常に発生しなかった。これは、移植という操作が、受精卵に悪影響を与えたからではない。なぜなら、たとえ移植操作を行っても、雄性前核と雌性前核を一つずつ持つことになった受精卵は正常に発生したからだ。

　この実験結果によれば、雄性前核と雌性前核には、DNAの塩基配列の他に何か違った情報があると考えざるをえない。このように、核の中の染色体が、ＤＮＡの塩基配列以外の情報を伝えることをエピジェネティクスという。

エピジェネティクスにはいろいろなものがあり、ＤＮＡだけでなくタンパク質が関係することもある（ヒストンというタンパク質にアセチル基がつくアセチル化など）が、一番有名なエピジェネティクスはＤＮＡにメチル基がつくメチル化である。

ＤＮＡが持つ四種類の塩基（Ａ、Ｔ、Ｇ、Ｃ）のうち、メチル化が起きるのはシトシン（Ｃ）だ。シトシンがメチル化されると、つまりシトシンにメチル基（$-CH_3$）が結合すると、メチル化シトシンになる。このメチル化シトシンが五番目の塩基となって、情報を伝えるのである。

このＤＮＡのメチル化の一部は、次の世代にも伝わるので遺伝情報である。先ほどの、雄性前核や雌性前核のエピジェネティクスも、精子や卵を通じて親から伝わった情報なので遺伝情報だ。情報量としてはＤＮＡの塩基配列が一番多いけれど、エピジェネティクスも遺伝情報を担っているのである。

しかも、エピジェネティクスの一部、たとえばＤＮＡのメチル化は、環境によって変化させることができる。

たとえば、セイヨウタンポポは栄養状態が変化すると、メチル化のパターンが変化する。そして、この変化したパターンは、子の世代にも伝わる。親が生きているあいだに獲得した形質が子どもに伝わったのだから、これは獲得形質の遺伝である。獲得形質の遺伝は、フランスの生物学者、ジャン＝バティスト・ラマルク（一七四四〜一八二九）などが主張していたが、一般には間違いとされてきた。しかし、それは正しかったのだろうか。

たしかに、獲得形質の遺伝は存在する。でも、だからといって、ラマルクの説が正しいということにはならない。

ジャン＝バティスト・ラマルク

ラマルクが主張した考えは、用不用説といわれる。親の世代でよく使う器官が発達すると、その発達した器官が子どもの世代にも伝わるという説だ。ここでは、「用不用的獲得形質の遺伝」と呼ぶことにする。

一方、セイヨウタンポポなどで報告されている獲得形質の遺伝現象は、環境の変化が原因になっている。環境の変化が原因で、ＤＮ

Aのメチル化などのエピジェネティクスが起こったのだ。ここでは、「環境要因的獲得形質の遺伝」と呼ぶことにする。

ラマルク説のような、用不用的獲得形質の遺伝が存在する証拠は、今のところない。しかし、環境要因的獲得形質の遺伝は、さまざまな生物で報告されており、その存在は確実である。たとえば、セイヨウタンポポを低栄養状態にすると、DNAのメチル化状態が変化する。すると、次の世代のセイヨウタンポポのDNAは、たとえ低栄養状態にしなくても、前の世代と同じようなメチル化状態になることが報告されている。つまり、獲得形質の遺伝は存在するのである。

しかし考えてみれば、環境要因による獲得形質が遺伝することは当然である。たとえば、放射線を浴びれば、DNAの塩基配列が変化する。そして、その塩基配列の変化は、子どもにも遺伝する。だから、この放射線によるDNAの塩基配列の変化も、獲得形質の遺伝なのだ。ただし、ラマルクの説が正しかったわけではない。環境要因的獲得形質が遺伝することは確実だけれど、その一方で、用不用的獲得形質が遺伝する（きちんとした）証拠はまったくないのである。

この章では、遺伝のしくみを説明した。この知識は、私たちの生活における身近な問題を考えるときの基礎になる。それでは次章から、生活に関係したテーマを、生物学の観点から考えてみることにしよう。

第16章

花粉症はなぜ起きる

農業をする昆虫

中南米にハキリアリというアリがいる。ハキリアリは名前のとおり、葉を切るアリだ。とても変わったアリで、切った葉を使って農業をする。ハキリアリの農業が進化したのはおよそ五千万年前と考えられるので、人間の農業よりもはるかに古い。

ハキリアリは葉を切って巣に運ぶ【図16－1】。でも、葉の方がハキリアリより大きいので、まるでたくさんの葉が自分で地面を歩いていくように見える。葉を運ぶ道は決まっていて、ある種のハキリアリでは平らにならされた道が一〇〇メートルも伸びているらしい。葉を運ぶハキリアリとは別に、小型働きアリと呼ばれるハキリアリが道の脇をパトロールしていて、さらに巣は兵隊アリがしっかりと守っている。

地下の巣の中の部屋が、ハキリアリの農場だ。そこの床に葉を敷いて、キノコの仲間を栽培するのである。数匹がかりで雑草を引き抜いたり、自分たちの糞を肥料にしたりして、きちんと育てて収穫するのだ。

このようなハキリアリの農場にも、病原菌が侵入することがある。そのために、ハキリ

【図16-1 ハキリアリ】

アリは、何種類かの抗生物質を使っているようだ。しかし、ずっと同じ抗生物質を使っていると、それに耐性を持った病原菌が現れるのではないだろうか。

人間の農場でも、雑草などを枯れさせるために、いろいろな農薬を使っている。しかし、使い始めてから十年ぐらいすると、農薬に耐性を持った雑草などが現れる。そのため、農薬を変えたり、他の農薬を加えたりしなくてはならない。だから、長いあいだ（一説では数百万年間）同じ抗生物質を使い続けているハキリアリの農場などは、たちまち崩壊してしまうのではないだろうか。

たしかに、そういうこともあるようだ。しかし、だいたいにおいて、農場はうまく機能している。つまり、だいたいにおいて、ハキリアリの使っている抗生物質はずっと機能している。それはなぜだろうか。

抗生物質はなぜ細菌だけを殺すのか

世界で初めて発見された抗生物質は、ペニシリンである。一九二八年にイギリスの細菌学者であるアレクサンダー・フレミング（一八八一〜一九五五）は、ブドウ球菌を培養していたシャーレ（細菌を培養する小皿）に、カビが混入していることに気がついた。妙なことに、カビの周囲ではブドウ球菌のコロニーが溶けていた。そこからフレミングは、細菌を殺す物質を、カビが分泌しているのではないかと思いついた。それが、ペニシリンの発見につながったというエピソードが有名だ。

細菌は、細胞の外側に細胞壁を持っている（植物細胞が持つ細胞壁とは、まったく別のものだ）。この細胞壁は細菌が生きるために不可欠で、多くの化学反応から成る複雑なプロセスによって作られる。そのため、このプロセスを変更したり、別の方法で細胞壁を作ったりするのは容易ではない。

アレクサンダー・フレミング

ところがペニシリンは、この細胞壁を作るプロセスの最終段階を阻害する。そのため、多くの細菌はペニシリンによって死んでしまう。たとえ細菌のＤＮＡが変化しても、なかなかペニシリンの呪縛を逃れることはできない。だからペニシリンは、昔からずっと、多くの細菌に対して有効で、そして今でも多くの細菌に対して有効なのだ。

いっぽう私たちは、細菌ではなく真核生物だ。真核生物には（細菌のような）細胞壁はない。だから、ペニシリンによって阻害されるものを、そもそも持っていない。そのため、ペニシリンは私たちには効かず、細菌の生存だけを阻害するのである。

もちろんペニシリンのような抗生物質も完壁ではなく、ペニシリンが効かない細菌も出現している。そのためハキリアリは抗生物質を何種類も使って、なんとか頑張っているのだろう。

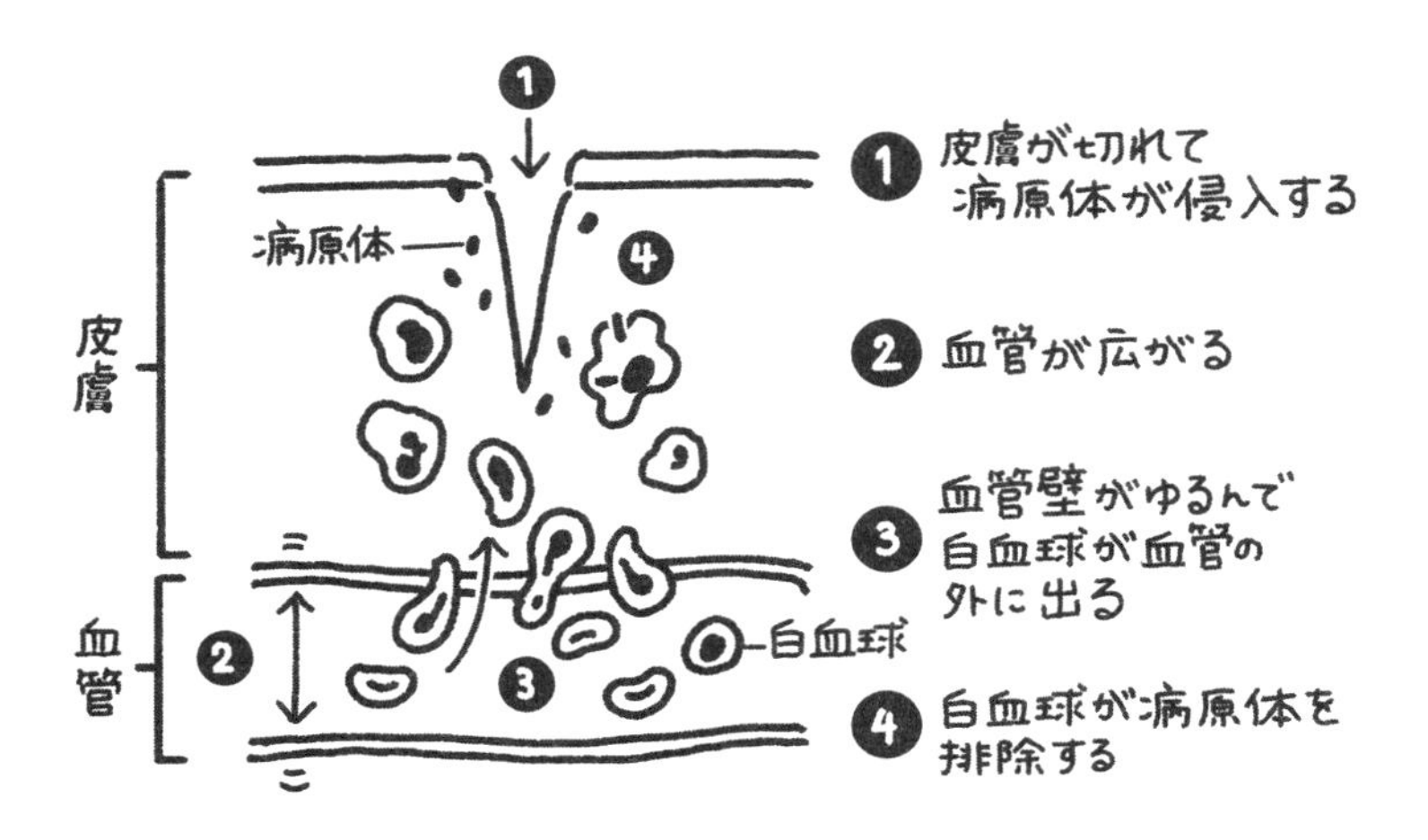

【図16-2 免疫のしくみ】（『免疫と「病」の科学』〔宮坂昌之、定岡恵、講談社〕を改変）

真菌の生えたハエ

私たちの周りには、細菌やウイルスなどの病原体がたくさんいる。これらの病原体が、私たちの体の中に侵入するのを、最初に防いでくれるのが皮膚である。皮膚の細胞と細胞はぴったりと密着していて、細菌やウイルスでも通り抜けることができない。

しかし、怪我をして皮膚が切れると、そこから病原体が侵入してくる。すると、それに反応して近くの血管が広がり、血管壁がゆるんで、白血球が血管の外に出る。この白血球が病原体を排除するシステムを免疫という【図16－2】。

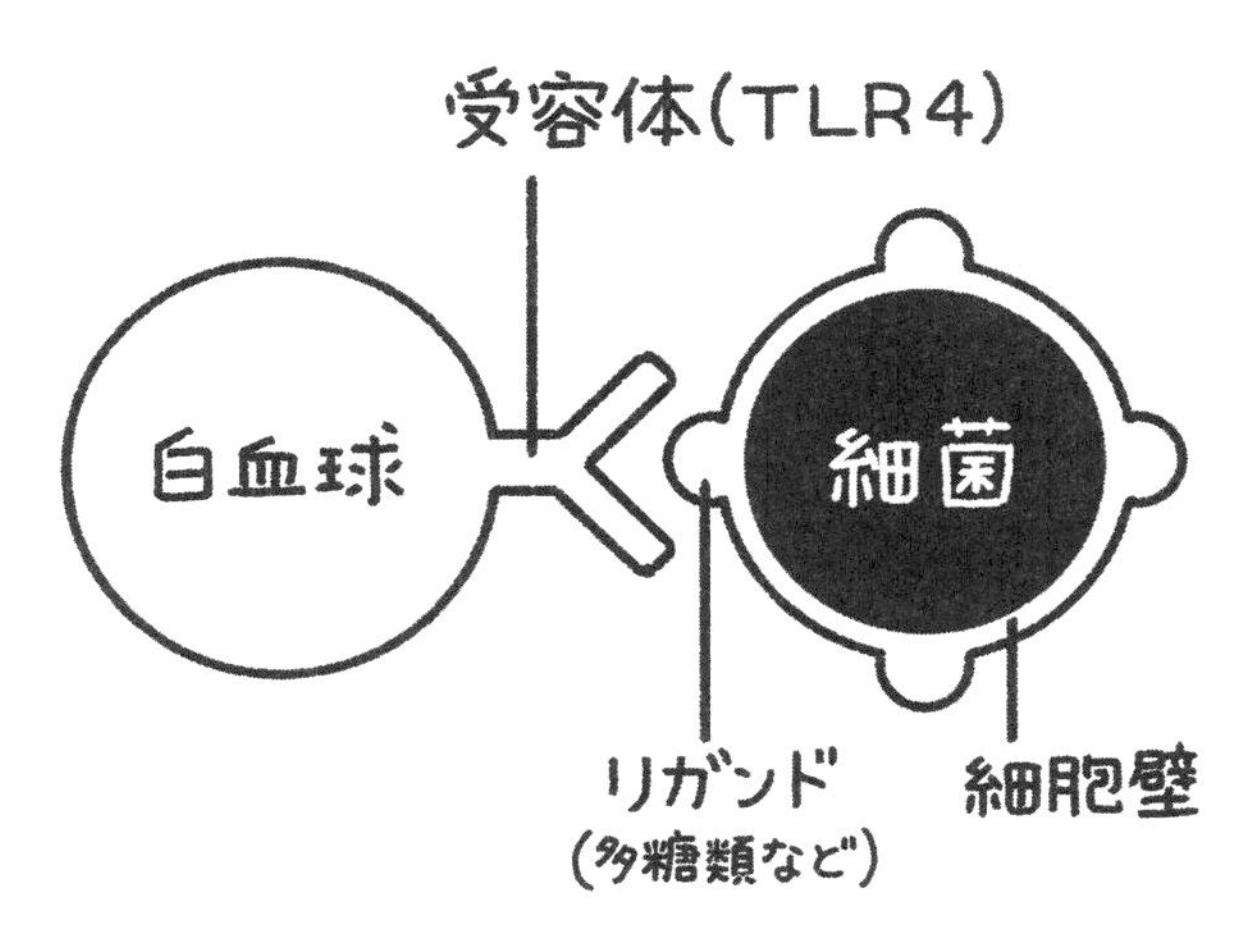

【図16-3 受容体とリガンド】

私たちの免疫は、自然免疫と獲得免疫に分けられる。白血球にはいくつかの種類があり、自然免疫を担当するもの（マクロファージや樹状細胞など）と獲得免疫を担当するもの（B細胞とT細胞）がある。病原体が侵入してきたときに、最初に働くのは自然免疫だ。

自然免疫は、あらゆる病原体をまとめて相手にする、大雑把で単純なシステムだと、以前は考えられていた。しかし実際には、自然免疫は複雑なシステムで、さまざまな病原体を区別して、それに適した攻撃をすることが明らかになってきた。

細胞の表面からAというタンパク質が突き出しているとしよう。Aは細胞の一部である。そのAに、外部から来たBという分子が結合

【図16-4 トル遺伝子が働かないショウジョウバエ】

する。Ｂはタンパク質のこともあるし、タンパク質でないこともある。そのとき、Ａを受容体、Ｂをリガンドという。

自然免疫を担当する白血球にも受容体がある。この受容体によって、侵入してきた病原体の種類を区別する。その一つがトル様受容体（ＴＬＲ）で、たくさんの種類がある。たとえば、ＴＬＲ３はウイルスと、ＴＬＲ４は細菌と、ＴＬＲ５は寄生虫と結合する。そうして、病原体の種類を知ったうえで攻撃を始めるのである。ちなみにＴＬＲ４は、具体的には細菌の細胞壁にある多糖類などと結合する。先ほど述べたように、細菌が細胞壁を変化させることは難しいため、ＴＬＲ４は長期間にわたって有効な受容体なのだ【図16－３】。

免疫反応のほとんど（一説では九五パーセント）は、自然免疫である。脊椎動物以外の生物は自然免疫しか持っていないが、それでも病原体から十分に身を守れる。自然免疫はとても大切なものなのだ。

たとえばトル様受容体を作るトル遺伝子が働かないだけで、ショウジョウバエの体にはびっしりと真菌が生えてしまい、生きていくことができないのである【図16－4】。

数十億ともいわれる抗体の種類

私たち脊椎動物には、自然免疫に加えて獲得免疫もある。病原体が体に侵入したら、ただちに働き始める自然免疫と違い、獲得免疫が働き始めるまでには、数日かかる。でも、働き始めるまでにこんなに時間がかかる免疫なんて、意味がないのではないか。

たとえば大腸菌は、条件がよければ約二十分に一回分裂する。単純に計算すれば、一時間で八倍になり、半日で約七〇〇億倍になる。実際にはここまで増えないにしても、獲得免疫が働くまでのんびり何日も待っていたら、そのあいだに私たちの体は病原菌だらけになって、死んでしまう。自然免疫のように、病原菌が侵入してきたら素早く対処してくれないと困るのだ。

それなのに、なぜ私たちには獲得免疫なんてものがあるのだろう。その理由は、病原体を除去する力が強いからである。

病原体にはさまざまな種類がある。自然免疫も病原体の種類を見分けるけれど、その数はせいぜい数十種類だ。それに対して獲得免疫が見分ける病原菌の種類は、ものすごくたくさんある。数十億種類ともいわれている。見分けられる病原体の種類がこれだけ多ければ、どんな病原体が体内に侵入してきても対処できるだろう。

獲得免疫にもいくつかの種類があるが、代表的なものは抗体だ。これは、獲得免疫を担当するB細胞（という白血球）が作るタンパク質（免疫グロブリン）で、抗体が病原体に結合することによって、病原体を攻撃する。具体的には、抗体が病原体を囲んで活動できなくしたり、病原体同士をつなげて沈殿させたり、病原体に結合した抗体によってマクロファージが病原体を食べやすくしたりする。マクロファージは白血球の一種で、アメーバのような動きをして病原体などを食べる細胞である【図16－5】。このマクロファージの働きを助けるわけだ。

このような抗体の種類が、数十億種類もあるといわれているのである。しかし考えてみ

【図16-5 マクロファージ】

ると、これは変な話だ。

遺伝子の定義は難しいという話を２４６頁でしたが、ここでは一つのタンパク質を作るためにアミノ酸を指定している部分を、一つの遺伝子と考えよう。つまり、一つの遺伝子が一つのタンパク質に対応するわけだ。その場合、ヒトのＤＮＡ上の遺伝子は、約二万個になる。

ところで抗体は、免疫グロブリンと呼ばれるタンパク質である。一つの遺伝子から一つのタンパク質が作られるはずだから、遺伝子が二万個しかなければ、タンパク質は二万種類より少ないはずである。それなのに、どうしてこんなにたくさんの種類の抗体が存在するのだろうか。

利根川 進

この謎を解明したのが、一九八七年にノーベル生理学・医学賞を受賞した利根川進だ。それまでは、ヒトが生まれた後は、DNAは変化しないと考えられていた。しかし利根川は、DNAが、ヒトが生まれた後も変化することを発見した。その変化が、抗体の多様性を生み出すメカニズムだったのである。

ヒトの抗体は、五つのクラス（種類）に分けられる。IgGとIgMとIgAとIgDとIgEだ。ちなみにIgというのは、免疫グロブリン（Immunoglobulin）の略称である。この中でIgGがもっとも多く、抗体全体の約七五パーセントを占める。一方、IgEはもっとも少なく、わずか〇・〇〇一パーセント以下しかない。しかし、IgEは花粉症を引き起こす抗体として有名である。

これら五種類の抗体のそれぞれが、さらにたくさんの種類に分かれている。数十億種類とかに分かれているわけだ。

代表的な抗体であるIgGは、四つのタンパク質からできている。それらが集まって、

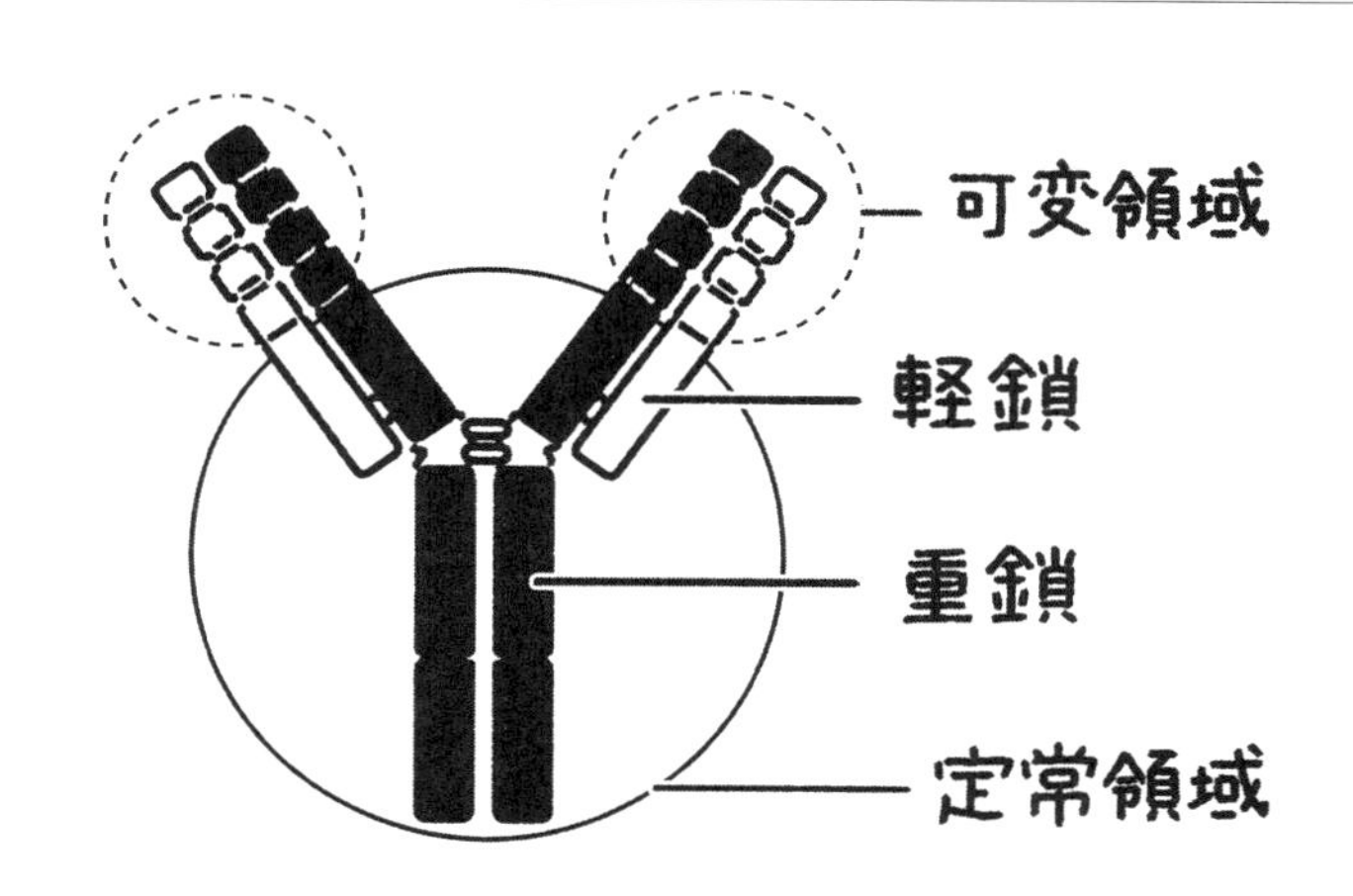

【図16-6 IgGの重鎖と軽鎖】

Y字のような形をしている。四つのタンパク質のうち二つは長いので重鎖と呼ばれ、残りの二つは短いので軽鎖と呼ばれる。重鎖も軽鎖もそれぞれが、可変領域と定常領域と呼ばれる二つの領域に分かれている。定常領域はどのIgGでも同じだが、可変領域はそれぞれのIgGごとに異なる形をしている。人間の体の中にはたくさんのIgGがあるので、可変領域の種類も膨大な数になる。そのため、どんな病原体が体に入ってきても、IgGのどれかがその病原体に対処できるのである【図16－6】。

なぜ抗体の種類はこんなに多いのか

私たちの背骨を作っている椎骨や、心臓や肺を保護している肋骨の中には、空洞がある。そして、その中に柔らかいゼリーのような組織が入っている。これが骨髄で、赤血球や白血球を作るところである。

骨髄では、まず造血幹細胞が作られる。造血幹細胞は血液中の血球を作る細胞で、赤血球やさまざまな白血球に分化していく。抗体を作るB細胞も白血球の一種なので、この造血幹細胞から分化していく。そして、造血幹細胞がB細胞に分化していく過程で、B細胞の中で遺伝子が再構成されて変化するのである。再構成が起きる場所は、抗体の遺伝子だ。

抗体の遺伝子は、DNAの上でたくさんの領域に分かれている。たとえばヒトのIgGの重鎖の遺伝子では、Vという領域が六五個ほど並んでおり、その次にDという領域が二七個並んでいて、さらにその次にJという領域が六個並んでいる。B細胞が成熟していく過程で、VとDとJのそれぞれから領域が一つずつ選ばれて組み合わされる。選ばれなかった領域は、切り取られてしまう。このような遺伝子の再構成が、それぞれのB細胞で別々に起こるので、重鎖の組み合わせは最大で六五×二七×六＝一万五三〇通りに達することになる。そして、このような再構成は軽鎖でも起こる。

しかも抗体の多様化は、これで終わりではない。抗体は攻撃する病原体の全体と結合するわけではなく、病原体の一部分と結合する。この、抗体と結合する部分を抗原という。遺伝子再構成が終わったB細胞、つまり成熟したB細胞が抗原に出合ったとき、もう一度遺伝子に変化が起きるのだ。それをかけ合わせて、抗体の種類は数億とも数十億ともいわれているのである。

DNAにはA、T、G、Cという四種類の塩基があり、この塩基の並び方（塩基配列）が情報になっていることは、前に述べたとおりである。この塩基配列の中の塩基が一つだけ変化することを点突然変異という。成熟したB細胞が抗原に出合うと、AIDという酵素によって、抗体の遺伝子に点突然変異が起きる。点突然変異によって微修正された抗体の中には、抗原との結合力が低くなったものもあるだろうが、高くなったものもいるだろう。この、結合力が高くなった抗体が選ばれて、さらに優れた能力を抗体は発揮するのである。

花粉症はなぜ起きるか

このように免疫は、私たちが生きていく上で非常に大切なものなので、働かなくては困るが、実は働き過ぎても困る。免疫が働かないことをアナジーといい、働き過ぎることをアレルギーという。

アレルギーで有名なものに花粉症がある。アレルギーを起こす抗原をアレルゲンというが、花粉症のアレルゲンは花粉である。日本では、スギの花粉による花粉症が一番多い。

白血球の一種に、マスト細胞（肥満細胞ともいう）がある。とはいえ、マスト細胞は血液中には見られない。骨髄で作られた造血幹細胞が、未分化な形のまま血液によって各組織に運ばれ、その後でマスト細胞へ分化すると考えられている。

マスト細胞は皮膚や粘膜など病原体が侵入しやすいところに分布している。細胞の表面には、先ほど述べたトル様受容体を持っていて、病原体を認識すると、それを攻撃する物質を分泌する。

その一方で、マスト細胞は、細胞の表面にIgE受容体も持っている。これが花粉症を引き起こす原因になる。花粉症が起きるメカニズムは、二段階に分かれている。

第一段階は、私たちの鼻孔に花粉が入ることから始まる。すると、それに反応してB細胞がIgEを作る。IgEは、マスト細胞の表面にたくさんあるIgE受容体に結合する。つまり、第一段階としては、鼻の中に花粉が入ることによって、マスト細胞の表面にIgEが結合するわけだ。

さて、第二段階が引き起こされるのは、再び花粉が鼻孔の中に入ったときだ。鼻孔の粘膜にはマスト細胞があり、その表面には、すでにたくさんのIgEが並んでいる。そして、鼻孔に入ってきた花粉が、そのIgEに次々に結合する。IgEを介して花粉とマスト細胞が結合すると、それが刺激となって、マスト細胞は内部にあったヒスタミンなどを一斉に放出する。このヒスタミンが、花粉の四大症状（くしゃみ、鼻水、鼻づまり、目のかゆみ）を引き起こすのである【図16－7】。

花粉症が起きるメカニズムがわかれば、それを避ける方法も見えてくる。最初に考えつくのは、アレルゲンと出合わないことだ。花粉が飛ぶ季節には、マスクをしたりメガネをかけたりする。帰宅したら、うがいをしたり鼻をかんだりする。

それから、IgEがマスト細胞に結合しなければよいのだから、IgEに結合する抗体

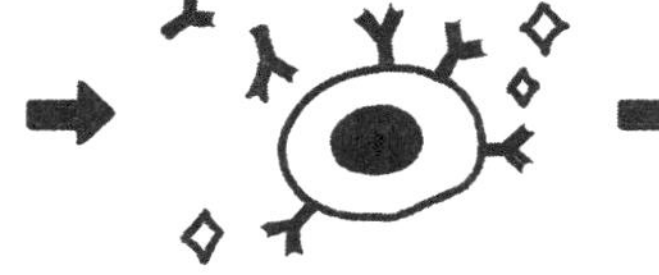

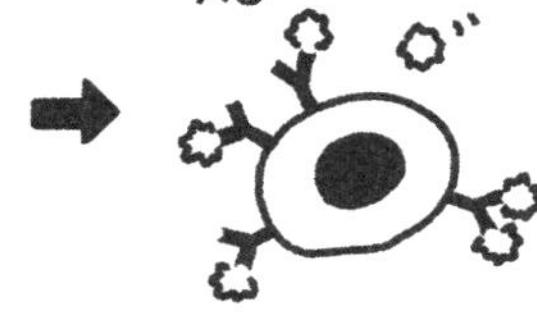

【図 16-7 花粉症のメカニズム】

（抗ＩｇＥ抗体）を注射する方法もある。ＩｇＥは、先に抗ＩｇＥ抗体に結合されてしまうと、もうマスト細胞に結合できないのだ。

つぎに、マスト細胞がヒスタミンを放出しなければよいのだから、マスト細胞を弱めることが考えられる。実際にそういう薬が、目薬や鼻薬として販売されている。

さらに、ヒスタミンが放出されてしまったら、抗ヒスタミン剤を使うことも考えられる。

この花粉症のようなアレルギーに悩む人の数は、最近百年間でほぼ一〇〇倍になった。その原因ははっきりとはわかっていない。しかし、いくつかの仮説はある。

私たちの暮らしは、下水道の普及などで衛生状態がよくなり、身の回りの病原菌が減少した。これはとてもよいことだ。ただ気になるのは、感染症が減少していくにつれて、アレルギーの数が増えていくことだ。生活環境が清潔になり、免疫の働きに変化が起きて、アレルギーが増えたのかもしれない。そのため、不潔な環境で生活することがアレルギーの予防になるという仮説もある。

また、少し違う仮説としては、私たちの腸内の寄生虫が減ったことが原因だというものもある。

そうかもしれない。しかし、もし、それらの考えが正しいとしても、どこまで不潔にすればよいかは難しい問題だ。

世の中には、まだ結論が下せない問題がたくさんある。そういうとき、人は焦って、ついどちらかの結論を信じたくなってしまう。これは正しいと一〇〇パーセント信じたり、これは間違っていると一〇〇パーセント否定したりするのは、気分的に楽だからだ。でも、まだ結論が下せない問題については、もどかしさを我慢することも大切だろう。

第17章

がんは進化する

細胞がたくさん集まっても多細胞生物にはならない

大昔の地球には単細胞生物しかいなかった。そのころの地球には、がんという病気はなかった。その後、十数億年前に最初の多細胞生物が進化したときに、がんという病気が現れた。がんは多細胞生物にしか発症しない病気である。

それでは、なぜ多細胞生物だけが、がんになるのだろうか。

単細胞生物である細菌は、一匹が分裂して二匹になる。基本的には、ずっとその繰り返しだ。もちろん環境が悪化すれば、細菌だって死ぬことはあるだろう。でも、とくにそういうことがなければ、細菌は永遠に分裂し続ける。つまり永遠の命を持っているといってもよい。

生命が誕生したのが四十億年前だとすれば、現在生きている細菌は、四十億年ものあいだ細胞分裂をし続けてきたのである。たとえ一回でも細胞分裂が途切れたら、それで終わりだ。その後に子孫を伝えることはできない。だから、現在生きている細菌は、みんな四十億歳だ。

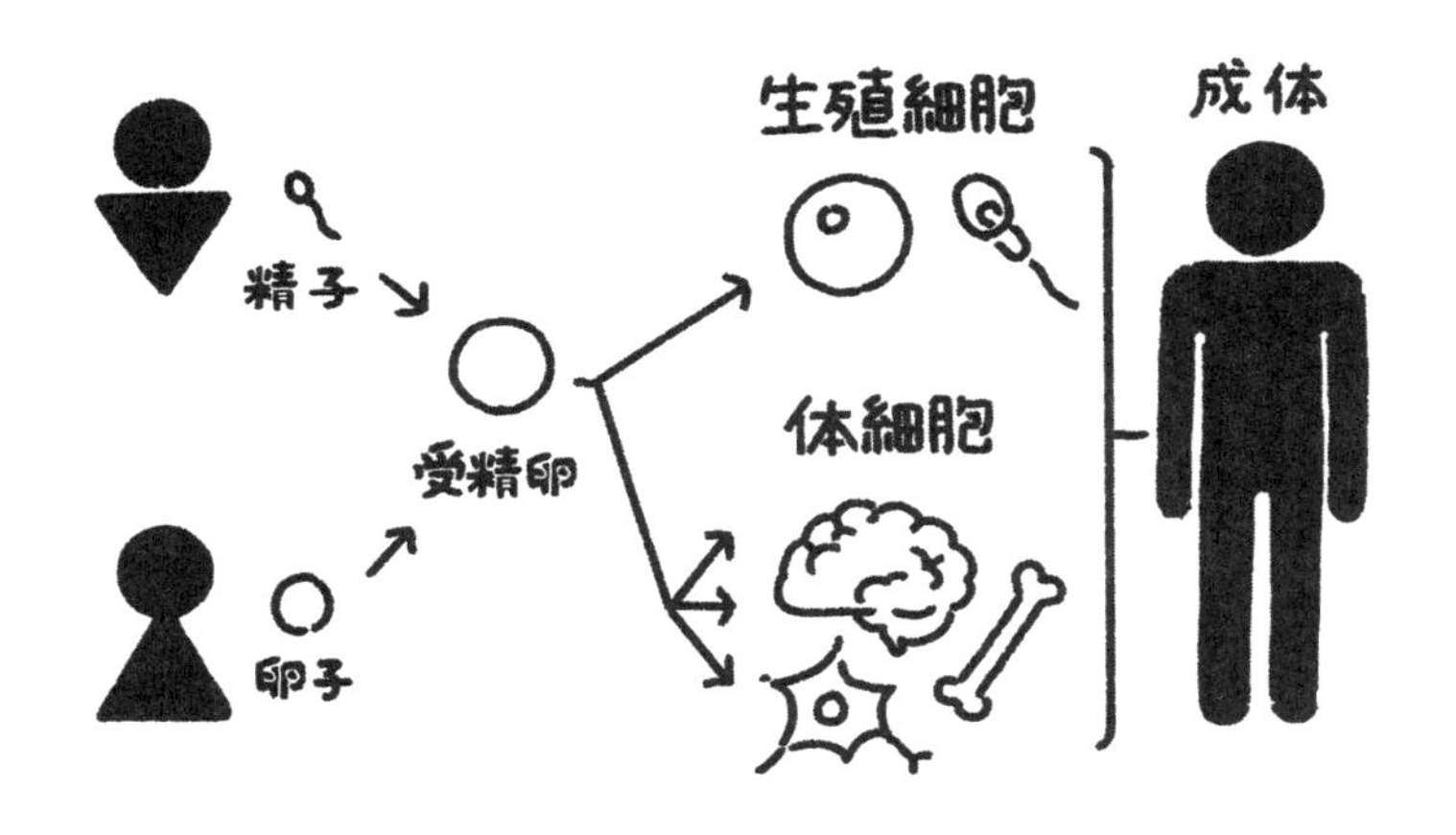

【図17-1 生殖細胞と体細胞（ヒト）】

もっとも、細胞分裂をして一匹が二匹になった時点で、世代が変わるという考え方もある。つまり細胞分裂の前と後は別の個体だというわけだ。そう考えれば四十億歳にはならないけれど、それでも四十億年間死ななかったことは事実だ。単細胞生物は永遠の命を持っているのである。

いっぽう多細胞生物は、細胞がたくさん集まった生物だが、細胞がたくさん集まっただけの生物ではない。それは群体といい、同種の単細胞生物が集まっているものだ。

私たちヒトは多細胞生物である。しかし、誰でも最初は単細胞生物だった。人生のスタートは、受精卵というたった一つの細胞だった。それが細胞分裂をして、大人になればおよそ四〇兆個もの細胞になるのである。

細胞分裂をしていくあいだに、細胞は大きく二つの種類に分かれる。それは、子孫に受け継がれる可能性のある細胞とない細胞だ。子孫に受け継がれる可能性のある細胞は生殖細胞と呼ばれ、そういう可能性のない細胞は体細胞と呼ばれる【図17－1】。

たとえば、私の手は体細胞でできているが、私が死んだらそれでおしまいだ。私の手から子どもが生まれることはないし、私の手の細胞が子どもに伝わることもない。私の手は、私の代で使い捨てなのだ。

いっぽう生殖細胞は、使い捨てではなく子孫に伝えられる。ただし、生殖細胞は多めに作られるので、実際に子どもになるのはその中のほんの一部にすぎない。それでも、すべての生殖細胞には、子孫に伝えられる可能性がある。すべての生殖細胞には、永遠の命を持つ可能性がある。そこが体細胞との違いである。体細胞は必ず死ぬ。遅くとも、その体細胞を持っている個体が死ぬときに、すべて死ぬのである。

つまり単細胞生物は、自分自身が生殖細胞のようなものだ。その単細胞生物の中から、使い捨ての体細胞を発明したものが現れて、多細胞生物になったのである。

単細胞生物（≠生殖細胞）＋使い捨ての体細胞＝多細胞生物

別のいい方をすれば、細胞の種類が一つしかないのが単細胞生物で、二つ以上あるのが多細胞生物だともいえる。少なくとも、生殖細胞と体細胞の二種類はあるからだ。生殖細胞は、ちゃんと子孫に受け継がれて細胞分裂する能力をなくすわけにはいかないので、あまり好き勝手に変化することはできない。しかし、使い捨ての体細胞ならどうにでもできる。変化し過ぎて分裂能力がなくなったってかまわない。働くだけ働いてもらって、死んだら捨てればよいのだ。だから、いろいろな役割に特殊化した体細胞をいくらでも作ることができるのである。このように、受精卵のような特殊化していない細胞が、体細胞に特殊化していくことを「細胞分化」あるいは「分化」という。

したがって、細胞がたくさん集まった生物の中で、細胞が一種類のものを群体、二種類以上のものを多細胞生物という。あるいは、体細胞（分化した細胞）を持つものが多細胞生物といってもよい。

がんは多細胞生物の中の単細胞生物

私たちの体のほとんどは、よくいうことを聞く体細胞で作られている。ふつう体細胞の分裂回数は決まっていて、何回か分裂すると、それ以上は分裂しない。場合によっては自ら死んでいく体細胞さえある。そういう、よくいうことを聞く体細胞によって、私たちの体は作られている。

ところが、一部の体細胞の遺伝子に、突然変異が起きることがある。たとえば、細胞分裂をするときにはＤＮＡをコピーして増やすが、そのときにコピーミスが起きることもある。あるいは放射線を浴びてＤＮＡが変化することもある。その結果、細胞の性質が変わることもある。そして場合によっては、分化した細胞が未分化の細胞に戻ってしまうこともあるのだ。

その場合は、分化した体細胞の中に未分化の細胞ができることになる。未分化の細胞というのは、さっき述べたように単細胞生物みたいなものだ。

新しく生まれた単細胞生物（みたいなもの）は、体細胞と違って、周りの細胞のいうことを聞いたりしない。何回か分裂しても分裂をやめたりしない。どんどん分裂して、自分の子孫を残そうとする。でも、それを責めるには当たらない。本来、生物ってそういうものだ。乳酸菌だってアメーバだって、単細胞生物はみんなそうやって四十億年間生きてきたのだから。

でも体細胞のあいだに単細胞生物が生まれると、多細胞生物にとっては困ったことになる。単細胞生物はどんどん増えて、場合によっては積極的に体細胞を壊していく。つまり

多細胞生物の体を壊していく。多くのがんは、多細胞生物の体の中に生まれた、この単細胞生物のことだ。つまり、分化した体細胞のあいだに生じた未分化細胞のことである。

がんの大きな問題は、進化することだ。たとえば、がん細胞が分裂して二倍になる時間は、速ければ一日だ。しかし、がん細胞のかたまりである腫瘍の大きさが二倍になるのには、（ケースによって違うけれど）百日ぐらいかかる。腫瘍が大きくなるのは、思ったより遅いのだ。

もしも、がん細胞が毎日二倍に増えれば、腫瘍の大きさは百日でだいたい一〇〇億×一〇〇億×一〇〇億倍ぐらいになるはずだ。それがたったの二倍ぐらいにしかならないということは、細胞分裂して増えたがん細胞の大部分は死んでいるということだ。なぜそんなに多くのがん細胞が死んでしまうのだろうか。

がん細胞だって生きていくのは大変なのだ。がん細胞だって生きるためには酸素も食料も必要だ。でも、がん細胞はどんどん増えるので、すぐに酸素や食料が足りなくなって、がん細胞同士で奪い合いになる。その奪い合いに勝利しなければ、生き残れない。

さらに免疫システムが、がん細胞を攻撃しにくる。そして、次々にがん細胞を殺していく。実際、私たちの体には、毎日数千個のがん細胞が生じているという。それらを私たちの免疫システムが片っ端から退治してくれるので、私たちはがんにならずに生きていくことができるのだ。

しかも、もし私たちががんになって、がんに対する治療が始まれば、抗がん剤などもがん細胞を攻撃し始める。こうして次々にがん細胞は殺されていく。それでも、なかなかがん細胞が絶滅しないのは、がん細胞が進化するからだ。

がん細胞が細胞分裂をしていくあいだに、がん細胞の遺伝子にときどき突然変異が起きる。ときどきとはいっても、ふつうの細胞に比べるとおよそ数百倍の頻度だ。突然変異を起こしたがん細胞がさらに細胞分裂を続ければ、その新しいタイプのがん細胞も増えていく。こうして、がん細胞の種類はどんどん増えていく。がん細胞の多様性が増大すればするほど、がんを根絶するのは難しくなる。いろいろなタイプのがん細胞があれば、さまざまな攻撃に対して、その中のどれかは耐性を持っている可能性が高いからだ。そのうちに、免疫システムでもなかなか退治できないがん細胞が現れてくる。

さらにこの状況を促進するのが、別の臓器へのがん細胞の転移だ。実は、別の臓器に移住したがん細胞は、新しい環境に適応できずに、大部分が死んでしまう。しかし、たいてい一部のがん細胞は、なんとか生き残る。別の臓器で生き残ったがん細胞は、新しい環境のもとで、以前とは異なる自然選択を受ける。そして、以前とは異なるがん細胞へと進化する。そうして、ますます多様性を高めてしまうのである。

この、進化するがんに対して、私たちはどうしたらよいのだろうか。

がん細胞が免疫にブレーキをかける

私たちの免疫を担当する細胞の一つにT細胞がある。T細胞の中でもキラーT細胞は、がん細胞を破壊する能力を持つことで知られている。それなら、このキラーT細胞にがん細胞を攻撃してもらえばよさそうだが、話はそう簡単ではない。

キラーT細胞の表面には、T細胞受容体というタンパク質が突き出している。このT細胞受容体で非自己の抗原、つまりがん細胞などを認識する。

前章で、B細胞が抗体というタンパク質を作ることを述べた。B細胞の中で、抗体の遺伝子が再構成されて、数十億種類ともいわれる抗体の多様性が生み出される。実はT細胞受容体も、遺伝子の再構成によって、抗体のような多様性を持っている。だから、がん細胞がいくら進化しても、このT細胞受容体の追跡から逃れることはできない。がん細胞がどんなに変化しても、そのがん細胞を認識するT細胞受容体が、必ず存在するからだ。

そこでがん細胞は、キラーT細胞から逃げるのではなく、別の手を使ってキラーT細胞から攻撃されないようにしている。実はキラーT細胞の表面には、アクセルやブレーキの役目をするタンパク質がある。アクセルを踏めばキラーT細胞の攻撃は強まり、ブレーキを踏めば弱まる。そこで、キラーT細胞に捕まったがん細胞は、キラーT細胞のブレーキを踏んでしまうのだ。

このブレーキにはいくつかあるが、日本人が発見したブレーキとしては、PD－1がある。これは一九九二年に、当時京都大学の本庶佑(ほんじょたすく)研究室の大学院生だった石田靖雅(やすまさ)によって発見された。このPD－1の発見によってがん治療への新たな道が開かれた。

本庶 佑

がん細胞がキラーT細胞に見つかったとしよう。キラーT細胞に見つかったというのは、キラーT細胞の表面に突き出しているT細胞受容体が、がん細胞の一部に結合した状態を意味する。

このままだと、がん細胞はキラーT細胞に攻撃されてしまう。そこでがん細胞は、キラーT細胞の表面に突き出しているPD－1というタンパク質に、PD－L1というタンパク質を結合させる。PD－L1はがん細胞の表面に突き出しているタンパク質で、ブレーキを踏む足に当たる。PD－1にPD－L1を結合させれば、キラーT細胞の働きは弱まり、がん細胞を攻撃しなくなるのだ。

つまり、キラーT細胞がT細胞受容体をがん細胞に結合させると、今度は反対に、がん細胞がPD－L1をキラーT細胞のPD－1に結合させて、キラーT細胞にブレーキをかけてしまうのである。

がん細胞をどこまでも追いかける

では、どうしたらがん細胞にブレーキを踏ませないようにできるだろうか。そのためには、ブレーキに蓋をして踏めなくしてしまえばよい。具体的にはPD－1に対する抗体を作って、PD－1に結合させておけばよい。

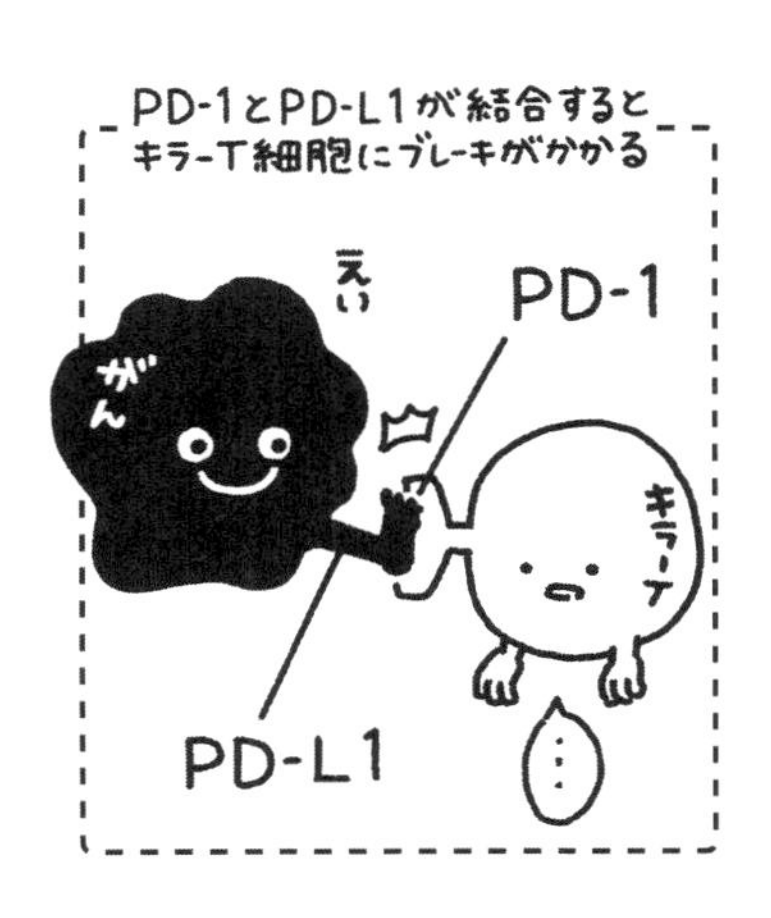

【図17-2 キラーT細胞の攻撃】

がん細胞がキラーT細胞に見つかったとしよう。つまり、キラーT細胞のT細胞受容体が、がん細胞の一部に結合したとしよう。するとがん細胞は、キラーT細胞のPD−1に、がん細胞のPD−L1を結合させようとする。しかし、PD−1にすでに抗体が結合していれば、がん細胞はPD−L1をPD−1に結合させることができない。そしてがん細胞は、キラーT細胞に攻撃されてしまうのである【図17−2】。

この治療法が優れている点は、がん細胞がいくら進化しても逃がさないことだ。キラーT細胞のT細胞受容体の素晴らしい多様性は、いかなるがん細胞でも見つけることができるからだ。

これまでは、がんに対するおもな治療法は三つだった。抗がん剤の投与と外科手術と放射線治療である。これらの他にもさまざまな治療法が試みられたが、いずれも大きな成果を上げることはなかった。しかし、がん細胞にキラーT細胞のブレーキを踏ませないというこの免疫療法は、これらの三つ以上に有効な治療法になる可能性がある。

ちなみに、免疫のブレーキ役となるタンパク質は、PD－1の他にCTLA－4も知られている。二〇一八年度のノーベル生理学・医学賞は、がんに対する免疫療法への貢献に対して、PD－1の本庶佑とCTLA－4のジェームズ・アリソンの二人に贈られている。

第18章

一気飲みしてはいけない

アルコール量の計算

ある先生から聞いた話だが、昔の貧乏な大学生は、お酒を買うことができないので、化学の実験室に忍び込んで、実験用のアルコールを飲むこともあったという（もちろんこういうことをしてはいけない）。しかし、一口にアルコールといっても、いろいろな種類がある。嗜好品としてよく飲まれているアルコールは、その中のエタノールである。

ところが、実験室でアルコールを飲んだ学生の中には、エタノールと間違えてメタノールを飲んだ者もいて、失明しかけた学生もいたらしい。メタノールは体内で分解されにくいため、毒性が強いのである。

昔と違って、現在では実験用のアルコールを飲む人は、まずいないだろう。それでも念のため、飲むアルコールがエタノールであることは知っておいた方がよい。

さて、販売されているビールやお酒などのアルコール飲料には、どのくらいアルコールが含まれているかを示す「度数」が表示されている。アルコールが含まれている割合を示すには、体積で比べる方法と、重量で比べる方法があるが、アルコール度数は体積で比べた値である。具体的には、全体の体積を一〇〇としたときに、どのくらいアルコールが含まれているか示した値である。いわゆる「体積パーセント」だ。

一方、アルコールでどのくらい酔っているかの目安になる血中アルコール濃度（血液の中のアルコール濃度）では、アルコールを重量で表す。したがって、血中アルコール濃度を計算するには、アルコールを体積でなく重量で表さなくてはならない。それでは試しに、血中アルコール濃度を計算してみよう。

たとえば度数が五度（＝五パーセント）の五〇〇ミリリットルの缶ビールを、一本飲んだとしよう。エタノールは水よりも軽く、一ミリリットルの重量が約〇・七九グラム（水は約一グラム）である。したがって、缶ビールに入っているアルコールは、五〇〇×〇・〇五×〇・七九＝約二〇グラムになる。

次に、体の中の水分の量を計算しよう。求めたいのは血中アルコール濃度だけれど、アルコールは血液だけでなく、体中の水分に溶ける。したがって、飲んだアルコールを体全体の水分で割れば、それが血中アルコール濃度にほぼ等しくなるのである。

成人の体の水分量は、だいたい体重の三分の二である。もし、あなたの体重が六〇キログラムなら、体全体の水分量は、だいたい四〇キログラムになる。そこで、血中アルコール濃度は、二〇グラム÷（四〇×一〇〇〇）グラム＝〇・〇〇〇五＝〇・〇五パーセントになる。

この計算からわかるように、体内の水分量が多いほど、血中アルコール濃度は低くなる。したがって、体の大きい人ほど体内の水分量が多いので、アルコールで酔いにくいことになる。

この血中アルコール濃度が〇・四パーセントに達すると、急性アルコール中毒になる危険性がある。五〇〇ミリリットルの缶ビールを八缶も飲めば、（単純計算では）その濃度に達するということだ。ただし、以上の計算は、体内でのアルコールの吸収や分解の速度を考慮に入れていない。だから正確ではないけれど、目安としては使えるだろう。

アルコールは体中に広がる

飲んだアルコールは、まず胃に入る。胃では、水は吸収しないけれど、アルコールは吸収する。飲んだアルコールのだいたい三〇パーセントは胃から、残りの七〇パーセントは小腸から吸収される。吸収されたアルコールは、胃や小腸の毛細血管に入る。口や大腸からも吸収されるが、それはわずかである。

アルコールは吸収速度が速い。肉や野菜などの食物は大き過ぎて、そのままでは吸収できない。そこで、いろいろな酵素などで消化する。つまり小さくする。それにはかなりの時間がかかる。しかし、アルコールはそのまま吸収できるので、吸収速度が速いのだ。

とくに吸収が速いのが小腸で、アルコールが小腸に入れば、すぐに吸収されてしまう。だから、もしも飲んだアルコールがそのまま小腸に入ったら、すぐに小腸で吸収されて、一気に血中アルコール濃度が高くなってしまう。それを防いでくれるのが胃だ。

食べ物を食べながら飲めば、アルコールは食べ物と一緒に、しばらく胃の中に溜めておかれる。それから食べ物と一緒に、ゆっくりと小腸へ送り出される。その場合は、血中アルコール濃度の上がり方はゆるやかになるし、最高値もあまり高くならない。

しかし、空腹時には飲んだアルコールは胃をほぼ素通りして、すぐに小腸まで到達する。そのため、血中アルコール濃度が急激に上昇してしまう。宴会に遅れてきてまだ何も食べていない人に、駆けつけ三杯とかいって一気にたくさんのアルコールを飲ませるのは、大変危険な行為である。

食べながら少しずつ飲めば、血中アルコール濃度はあまり高くならない。でも、その代わり、血中アルコール濃度はなかなか下がらない。一方、空腹のときに一気飲めば、血中アルコール濃度は一気に高くなるけれど、下がるのも速い。

そのため、こう考える人がいるかもしれない。たしかに、空腹のときに一気に飲むと、血中アルコール濃度が急激に上がる。それがよくないのは、わかる。でもその分、血中アルコール濃度は早く下がるのだから、一長一短ではないだろうか。そう考えれば、一気飲みをしても、別によいのではないか。

いや、そうではないのだ。たとえば、あなたがビルの三階にいるとしよう。そして、エレベーターやエスカレーターはないとする。そのとき、もしも一階まで下りようと思ったら、あなたは階段を使って下りるにちがいない。でも考えてみれば、どうしてそんな面倒なことをするのだろう。階段を使えば、遠回りだし時間もかかる。それよりもっとよい方法がある。飛び降りればよいのだ。そうすれば近道だし時間もかからない。どうせ階段を使っても、飛び降りても、使われる位置エネルギーは同じなのだ。それに飛び降りたら痛いかもしれないけれど、それは一瞬で終わる。だから一長一短だ。

でも、きっとあなたは階段を使う。階段を下りるときに体にかかる小さな衝撃なら、私たちの体は壊れない。でも、飛び降りたときに体にかかる大きな衝撃は、私たちの体を壊してしまう。もしかしたら死んでしまうかもしれない。だから遠回りで時間がかかっても、階段を使うのだ。

食べ物を食べながらアルコールをゆっくり飲むのは、階段を下りるようなものだ。そして、空腹のときに一気に飲むのは、飛び降りるようなものだ。一気飲みをして死んでしまった人もたくさんいるのだから、飛び降りることにたとえるのは、少しも大げさなことではない。

さて胃や小腸で吸収され、血液中に入ったアルコールは、次に体中に広がっていく。アルコールは細胞膜を通り抜けられるので、細胞の中にも入っていける。体の中には血液以外にもたくさんの水分がある。細胞の中にも外にもたくさんの水分がある。そのすべての水分にアルコールは広がっていく。

とくに注目すべきことは、アルコールは脳にも入っていくことだ。脳は大切な器官なので、毒性のある物質が入らないようにするしくみがある。それが血液脳関門で、星状膠（せいじょうこう）細胞（さいぼう）と呼ばれる細胞によって作られている。ところがアルコールは、星状膠細胞の細胞膜も通り抜けられる。つまり血液脳関門をくぐり抜けて、脳の中に入っていけるのだ。そのため、アルコールは脳にある神経細胞に作用して、酔いという現象を引き起こすことができるのだ。酔いとは、アルコールによって脳の神経細胞が抑制された状態のことである。

アルコールは脳を麻痺させる

アルコールは体中に広がるが、分解される場所は肝臓である。肝臓に入ってきたエタノールは、まずアルコール脱水素酵素によって、アセトアルデヒドになる（脱水素酵素というのは、水素を取る酵素のこと）。このアセトアルデヒドは刺激臭のある無色の液体で毒性があり、アルコールを飲んで顔が赤くなったり気分が悪くなったりする原因と考えられている。

さらにアセトアルデヒドは、アセトアルデヒド脱水素酵素によって酢酸に変えられる【図18－1】。そして、酢酸は、水と二酸化炭素に分解される（酢酸の分解は、肝臓以外の細胞でも行われる）。そして、水は腎臓から尿として捨てられ、二酸化炭素は肺から捨てられることになる。

ただし、肝臓の能力には限界がある。肝臓で分解できるエタノールは、だいたい一時間に一〇グラムぐらいといわれている。五〇〇ミリリットルの缶ビールに含まれるエタノー

【図18-1 アルコールの分解と吸収】

ルは約二〇グラムだったので、その半分だ。ただし、これは人によっても違うし、同じ人でも日によって違うようだ。ともあれ、その限界を超えて肝臓に入ってきたエタノールは、肝臓をくぐり抜けて再び体の中へと戻っていく。そうすると、酔いが長く続くことになる。

このエタノールが分解される過程で、エネルギーが産生される。そのため、エタノールを飲むと体が温まる。とはいえ、このエネルギーによって何か栄養素が合成されるわけではないので、エタノールが私たちの栄養になるわけではない。

このエタノールには、脳の神経細胞を抑制する働きがある。しかも、抑制される脳の部分には順番があるらしい。大脳には、新皮質や旧皮質と呼ばれる部分がある。非常に単純化していえば、新皮質は理性的な考えをするところで、旧皮質や古皮質は感情や欲望を司るところといえる。

軽く酔っているときは、新皮質だけが抑制されている。そのため、新皮質の理性によって抑えられていた旧皮質や古皮質の感情や欲望が開放され、騒いだりするのかもしれない。しかし、さらにアルコールを飲み続けると、脳の他部分も麻痺（まひ）してくる。そのため、真っすぐ歩けなくて千鳥足になったり、ろれつが回らなくなったりする。それでも、さらにアルコールを飲み続けると、脳全体の活動が抑制されてしまう。そうすると、呼吸が止まって死ぬこともある。

アルコールが神経細胞の働きを抑制することは確かだが、新皮質から順番に抑制されていくかどうかは、実は確実にはわかっていない。ただ、アルコールを飲んだ人を見ると、最初は大きな声を出して騒ぐが、そのうちに運動機能がおかしくなることが多い。そして、最終的には死にいたる人もいる。アルコールによって新皮質から順番に働きが抑制されていくと考えると、そういう事実をうまく説明できるのである。

ここで、気をつけなくてはならないのは、急性アルコール中毒だ。私が若いころには、大学に入ってきた新入生や、職場に入ってきた新入社員に、無理やりアルコールを飲ませるということがよくあった。今ではだいぶ減ったようだが、それでも完全になくなったわけではない。

急性アルコール中毒とは、血中アルコール濃度が上昇して意識を失うことだ。先ほど述べたように、血中アルコール濃度が〇・四パーセントぐらいになると起きることが多い。

脳は四つに分けられる。大脳と間脳と小脳と脳幹だ。脳幹は脳の一番下にあって、呼吸をコントロールしている呼吸中枢がある。血中アルコール濃度が〇・四パーセントから上がって〇・五パーセントになると、この脳幹の呼吸中枢が麻痺して、死ぬことがある。血中アルコール濃度を〇・四パーセントから〇・五パーセントに上げるには、（単純計算だと）たったビール二缶で十分だ。つまり、急性アルコール中毒になって意識を失ったら、もうそこは死の目の前なのだ。

なぜ子どもはアルコールを飲んではいけないのか

大人はアルコールを飲んでもいいのに、子どもはいけないといわれる。それはなぜだろうか。理由はいくつかあるが、根本的な理由は一つだ。それは、大人は成長しないが、子どもは成長するからだ。

もちろん成長が終わった臓器も、アルコールを飲むことによって壊れることはある。大人でも、お酒を飲み過ぎれば肝臓を悪くする。しかし、成長が終わったものより、成長しているものの方が、さらにアルコールの影響を受けやすい。とくに脳はその影響を受けやすい。脳が神経細胞のネットワークを盛んに形成するのは、幼児期と思春期である。この時期にアルコールを飲むと、ネットワークが正常に形成されない可能性があるのだ。

そう考えると、妊婦がアルコールを飲んではいけない理由もわかる。妊婦がアルコールを飲むと、そのアルコールは妊婦の体中の水分の中に広がっていく。当然、胎児の体の中の水分にも広がっていく。そうすると、胎児の血中アルコール濃度は、おそらく妊婦の血中アルコール濃度と同じくらいまで上がるだろう。

もちろん、高校生だってアルコールを飲んではいけない。小学生はもっといけない。でも、胎児はもっともっといけないのだ。

このように、アルコールにはいろいろとマイナス面がある。それでも、アルコールを飲む人は多いだろう。そういうときには、何に気をつけたらよいのだろうか。

二番目に大切なことは、適切な飲み方をすることだ。何か食べながら飲み、ろれつが回らなくなったり千鳥足になったりしたら、すぐにやめることだ。

そして一番大切なことは、ほかの人に無理やりアルコールを勧めないことだろう。

人類は何千年も前から（もしかしたら、もっと昔から）アルコールを飲み続けてきた。しかし、アルコールが体に及ぼす作用がわかってきたのは、最近のことである。せっかく、そういう時代に生きているのだから、ぜひ適切な飲み方を心がけるべきだろう。

第19章

不老不死とiPS細胞

若さへの憧れ

藤子・F・不二雄のこんなマンガを読んだことがある。あるところに勉強熱心な中学生がいた。彼は友人と遊ぶこともスポーツを楽しむことも我慢して、ひたすら勉強する。目標は、一流の高校や大学を出て、人生の成功者になることだ。

彼の家の近くには、大きな屋敷があった。そこはある学者の家だった。学者は研究が成功したため、大金持ちになっていた。中学生は学者の家を見て、あんな家に住むようになるのが目標だと友人に話していた。

それからいろいろあって、ある夜、中学生は学者から、体を交換しないかと持ち掛けられる。地位も名誉も財産もある学者は、中学生から見れば人生の成功者だ。中学生がこれから進もうと思っている道を実際に歩んできた、中学生の夢を実現した人だ。そのため中学生は学者と体を交換してしまう（実際のマンガでは記憶の交換という設定になっていた）。

そして中学生は、地位も名誉も財産もある人生の成功者になった。しかし学者の余命はあと六カ月で、体もかなり病んでいた。それからまたいろいろあって（このあたりの中学生や学者の心情がストーリーとしては重要なのだが、そこは省略して）、最後に中学生は、学者から中学生に戻ることができた。だいたいそんな話だった。

もちろん年を取ることは、悲しいことでも悪いことでもない。いや、悲しいことも悪いこともあるかもしれないが、それがすべてではない。年を取ることに対する思いは、人それぞれだ。

とはいえ、若さに対する憧れというものは広く存在する。そして現在では、その憧れがただの夢物語ではなく、部分的には実現できる可能性が出てきた。それは人工幹細胞が作られるようになったためだ。人工幹細胞としてはＥＳ細胞やｉＰＳ細胞が有名だが、そもそも幹細胞とは何だろうか。

幹細胞とは何か

私たちの皮膚は三つの層からできている。外側の表皮と、中間の真皮と、内側の皮下組織だ。外側の表皮は、さらに四つの層に区分される。四つの層のうち一番外側は角質層で、

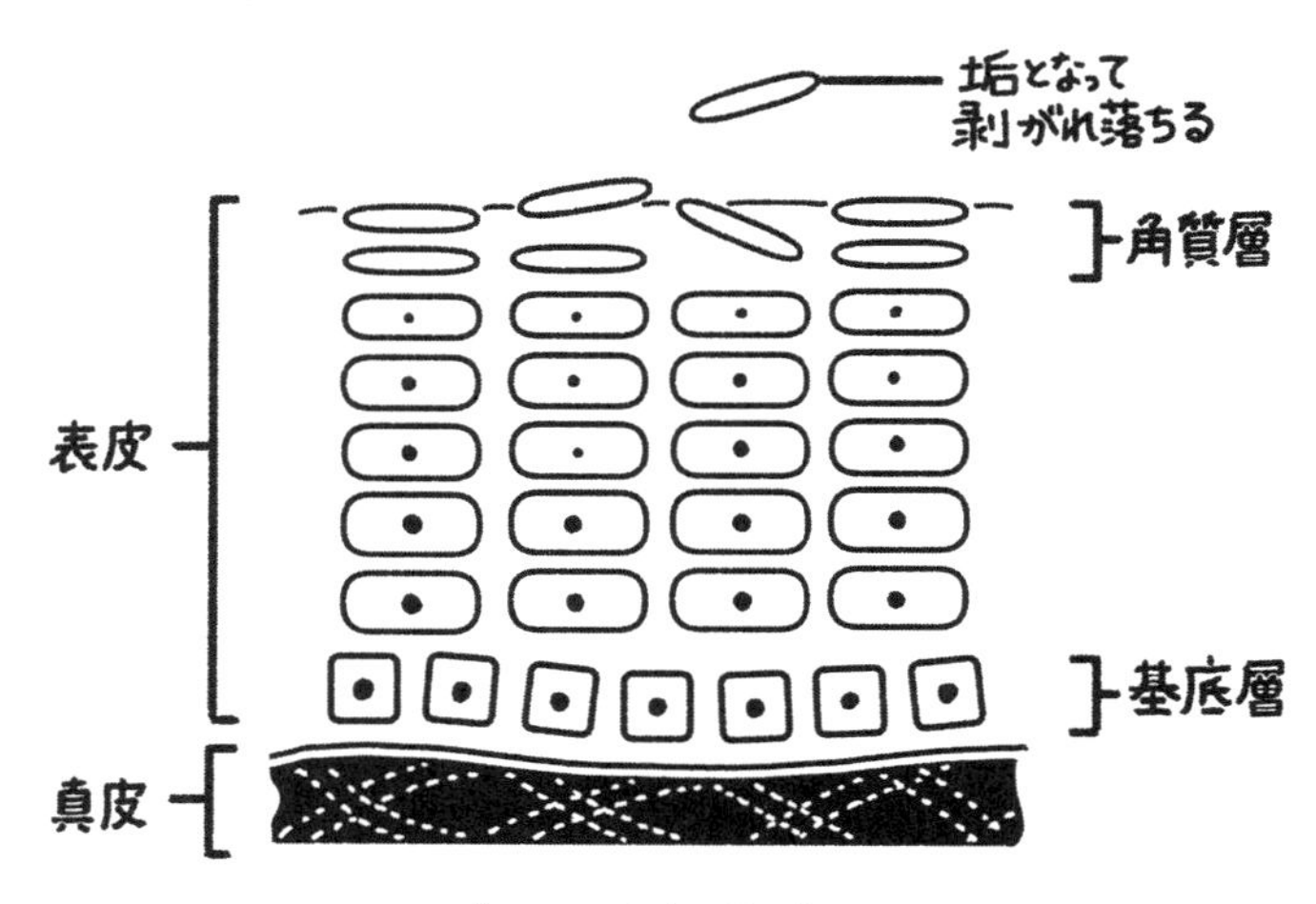

【図19-1 皮膚の構造】

一番内側が基底層である。

一番内側の基底層では、基底細胞が細胞分裂を繰り返し、増えた細胞は外側へと押し出される。押し出された細胞は角質細胞と呼ばれ、細胞内でケラチンという硬いタンパク質を合成し始める。そして、中間の二つの層を通りながら、細胞内にケラチンを蓄積していく。一番外側に達するころには、角質細胞は死滅し、ほぼケラチンだけの角質層となる。そして、この角質層は、表層から順番に剥がれ落ちる。これが垢である【図19－1】。

さて、一番内側の基底層で細胞が分裂し、細胞が外側に押し出され、垢になって剥がれ落ちることはわかった。でも、よく考えると何か変だ。

たとえば、単細胞生物を考えてみよう。単細胞生物（母細胞）が細胞分裂すると、二匹の単細胞生物（娘細胞）が生まれる。当たり前だが、娘細胞は、母細胞と同じ細胞である。分裂直後は少し小さいかもしれないが、しばらくすれば母細胞と同じ大きさになる。

こういう細胞分裂を、表皮の基底細胞が行うとどうなるだろうか。基底細胞が分裂すると二個の基底細胞ができる。それらが分裂すると、四個の基底細胞ができる。それらが分裂すると……いや、これではいつまで経っても、角質細胞はできない。基底細胞が増えていくだけだ。

単細胞生物の細胞分裂は、自分と同じ細胞を二個作り出す。でも基底細胞の細胞分裂は、これとは違うタイプのようだ。

一方、私たちの心筋細胞などができるときは、細胞分裂によって自分と異なる細胞を作り出す。たとえばAという細胞が分裂すると、Aとは異なるBという細胞を二つ作り出す。Bという細胞が分裂すると、Bとは異なるCという細胞を二つずつ（計四つ）作り出す。私たちの体の中で起きる細胞分裂としては、よくあるタイプである。

こういう細胞分裂を、表皮の基底細胞が行うとどうなるだろうか。基底細胞が分裂すると二個の角質細胞ができる。それらが分裂すると……いや、これでは基底細胞がなくなってしまう。とりあえず、今は角質細胞が作れるけれど、基底細胞がみんな角質細胞に変化してしまったら、もう角質細胞を作ることはできない。

心筋細胞ができるときの細胞分裂は、自分とは異なる細胞を二個作り出す。でも基底細胞の細胞分裂は、これとも違うタイプのようだ。

基底細胞は角質細胞を作らなければならないが、自分自身をなくすわけにもいかない。そのためには、細胞分裂で二つの細胞を作るときに、一つは自分と違う角質細胞に、もう一つは自分と同じ基底細胞にすればよい。これなら、角質細胞をどんどん作ることができる。角質細胞をいくら作っても、角質細胞を作る能力のある基底細胞がなくならないからだ。

この基底細胞のような細胞を、幹細胞という。つまり、自分と同じ細胞を作り出すと同時に、自分と異なる細胞も作り出すことのできる細胞のことである。自己複製も分化もできる細胞といってもよい。

表皮の基底細胞は幹細胞だが、表皮という決まった組織の細胞にしかなれない。そのため、組織幹細胞と呼ばれる。しかし、中には、体中のどんな細胞にでもなれる幹細胞もある。

ES細胞の課題

ヒトの一生は受精卵から始まる。このたった一つの細胞が細胞分裂を繰り返して、およそ四〇兆個の細胞からできている一人のヒトになるのである。

受精卵は細胞分裂によって、まず二つの細胞に分かれ、さらに四つの細胞に分かれる。こうして増えていった細胞は、三二個ぐらいまでは均一で、細胞同士でとくに違いはない。受精して約五日が経ち、細胞が一〇〇個近くになると、胚盤胞と呼ばれる段階になる。この段階になると、細胞は二つのグループに分かれる。

一つのグループは、胚盤胞の外側を取り囲むように並んだ栄養外胚葉で、この部分が胎盤になる。胎盤は、胎児と母親をつなぐ器官で、胎児に酸素や栄養を与えたり、胎児が出した二酸化炭素や排出物を回収したりするところだ。

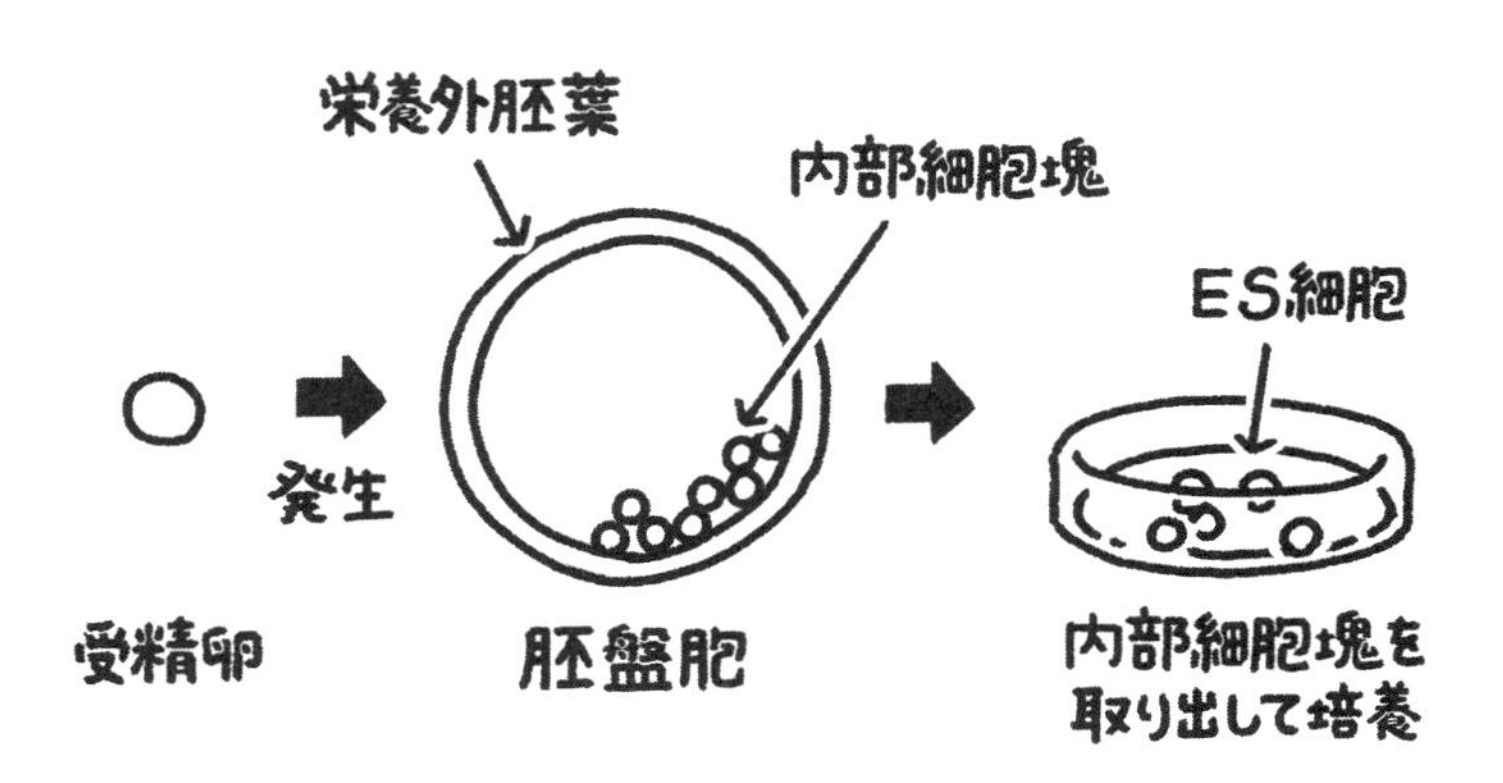

【図 19-2 ES 細胞の作製】

一方、胚盤胞の内部は空洞になっていて、液体が入っている。この内部にある細胞が、もう一つのグループである内部細胞塊だ。この内部細胞塊は胎児になる。つまり、私たちの体を作っている神経や表皮や筋肉など、すべての細胞に分化する能力を、内部細胞塊は持っている。したがって、内部細胞塊は未分化の細胞である。

しかし、内部細胞塊は幹細胞ではない。発生が進んでいくうちに他の細胞に分化して、内部細胞塊自体はなくなってしまうからだ。ところが、この内部細胞塊を外に取り出して、ある条件で培養すると、自己複製もするし、体中のすべての細胞への分化もできる細胞になる。つまり幹細胞になる。この、胚盤胞の内部細胞塊を培養した細胞を、ES細胞（胚性幹細胞）という【図19−2】。

ES細胞は、医療への応用が期待されている。どんな細胞にでも分化できるために、機能を失った組織の再生に使うことができるからだ。たとえば糖尿病の患者のためにインシュリンを作る細胞に分化させたり、心筋梗塞の患者のために心筋細胞に分化させたりすることが考えられる。このように、ES細胞には大きな期待が寄せられているが、その一方で問題もある。

ES細胞を作るためには、すでに発生を始めている胚を壊さなくてはならない。そのため、倫理的な問題が起きる。精子と卵が受精した瞬間からヒトとしての人生が始まると考えれば、受精後五日ほど経った胚を壊すのは殺人になる、という意見もあるのだ。

さらに、免疫による拒絶反応という問題もある。患者にとっては他人である胚盤胞からES細胞は作られる。したがって、そのES細胞から作られた臓器なども、患者にとっては他人のものであり、免疫による拒絶反応の標的になってしまうのだ。

クローン羊の誕生

一九九六年にイギリスのイアン・ウィルマットによって、クローン羊が作られた。クローンとは、まったく同じDNAを持つものを指す言葉だ。まったく同じDNAを持つ生物はクローンだし、まったく同じDNAを持つ細胞もクローンだし、まったく同じDNA同士もクローンという。ウィルマット以前にも両生類などでクローン生物が作られてはいたが、ヒトも含まれる哺乳類でクローンが作られたのは、今回が初めてだった。しかも、クローン羊が作られたことによって、ES細胞の問題点を解決するヒントが得られたのである(ちなみに、ヒトのES細胞が樹立されたのは二年後の一九九八年だが、マウスのES細胞は一九八一年に樹立されている)。

ウィルマットは羊の乳腺細胞と未受精卵からクローン羊を作製した。乳腺細胞は体細胞であり、すでに分化した細胞だ。作製の手順をごく簡単にいえば、まずメス羊の未受精卵から核を除き、その未受精卵に別のメス羊の乳腺細胞の核を移植した。そして、この核移植した未受精卵(クローン胚)をさらに別のメス羊の子宮に入れると、クローン羊(ドリー

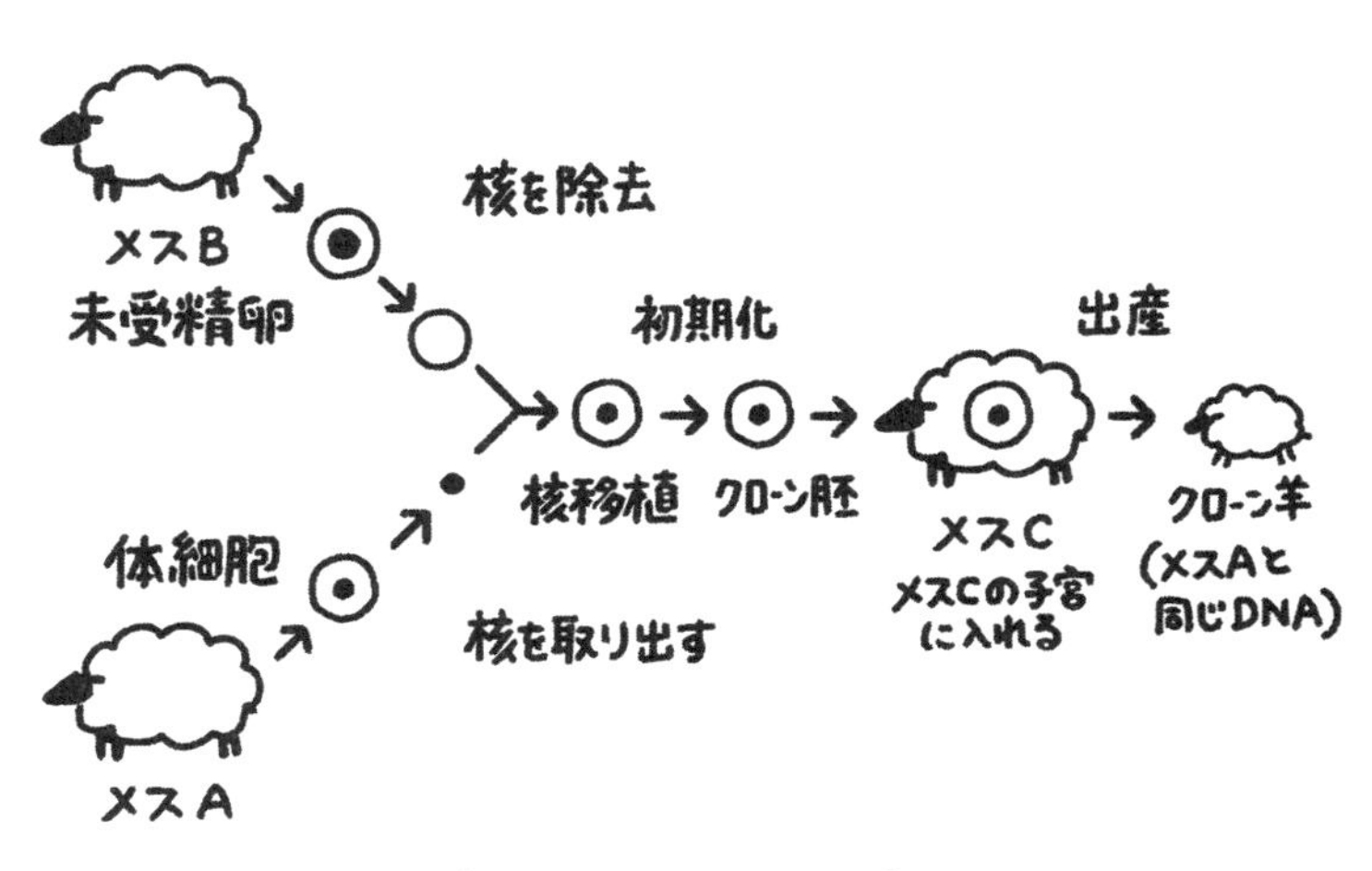

【図19-3 クローン羊の作製】

と名づけられた）が誕生したのである【図19−3】。

このクローン羊を作るために使った細胞は、体細胞と未受精卵である。先ほど皮膚の表層から脱落する角質細胞のことを述べたが、あの角質細胞も体細胞である。角質細胞が死んで垢となることを、倫理的な問題とする人はいないだろう。体細胞は壊しても、とくに問題はないのである。

もう一方の未受精卵についても、とくに倫理的な問題はない。ヒトの女性の卵は、卵巣で発達すると、排卵される。つまり卵巣から出て、卵管を通って子宮に移る（ちなみに受精は卵管で起きる。受精後五日ほど経つと、卵管から子宮に入るが、このころの胚が胚盤

胞の段階である）。排卵された卵は、精子と受精すれば受精卵となって、ヒトとしての人生が始まる。しかし受精しなければ、一日ぐらいで死んでしまう。そして、月経によって体外に捨てられる。

　このようにクローン羊の作製には受精卵を使わない。だから、人に応用しても倫理的な問題は起きなさそうな気もするが、残念ながらそうではない。受精卵を使わない点はよいけれど、クローン人間も作れることが、もっと大きな倫理的問題だ。したがって、この方法は人には応用できない。できないけれど、とても有益な情報は得ることができた。それは、哺乳類でも体細胞を初期化、つまり分化した細胞を一番最初の未分化な状態（受精卵のような状態）に戻すことができるという情報だ。

　細胞は、最初は未分化な状態で、どんな細胞にでも分化できる能力がある。たとえば受精卵がそうだ。それから、だんだんと分化していって、いろいろな種類の細胞になっていく。一方、いろいろな種類の細胞になっていくにつれて、それ以外の細胞になる能力は失われていく。細胞が分化していくメカニズムの一つは、DNAがメチル化されることだ。DNAの一部にメチル基（$-CH_3$と表される）が結合することによって、ある遺伝子を働かなくするのである。

あらゆる細胞に分化できるES細胞は、まだ分化していない未分化な細胞だった。一方、ドリーの体細胞は、すでに分化した細胞だ。ところが、クローン羊が生まれたということは、分化した体細胞の核が未分化の状態に戻ったということだ。つまり初期化されたのである。

体細胞を初期化したiPS細胞

これまでに、体中のすべての細胞に分化できる細胞のことを、何度も述べてきた。このような細胞は、大きく二つのグループに分けられる。万能細胞と多能性細胞だ。

万能細胞は、胎盤（母親と胎児をつなぐ器官）と胎児の両方を作れる細胞のことである。したがって、子宮に入れれば子どもが生まれる。例としては受精卵やクローン胚がある。

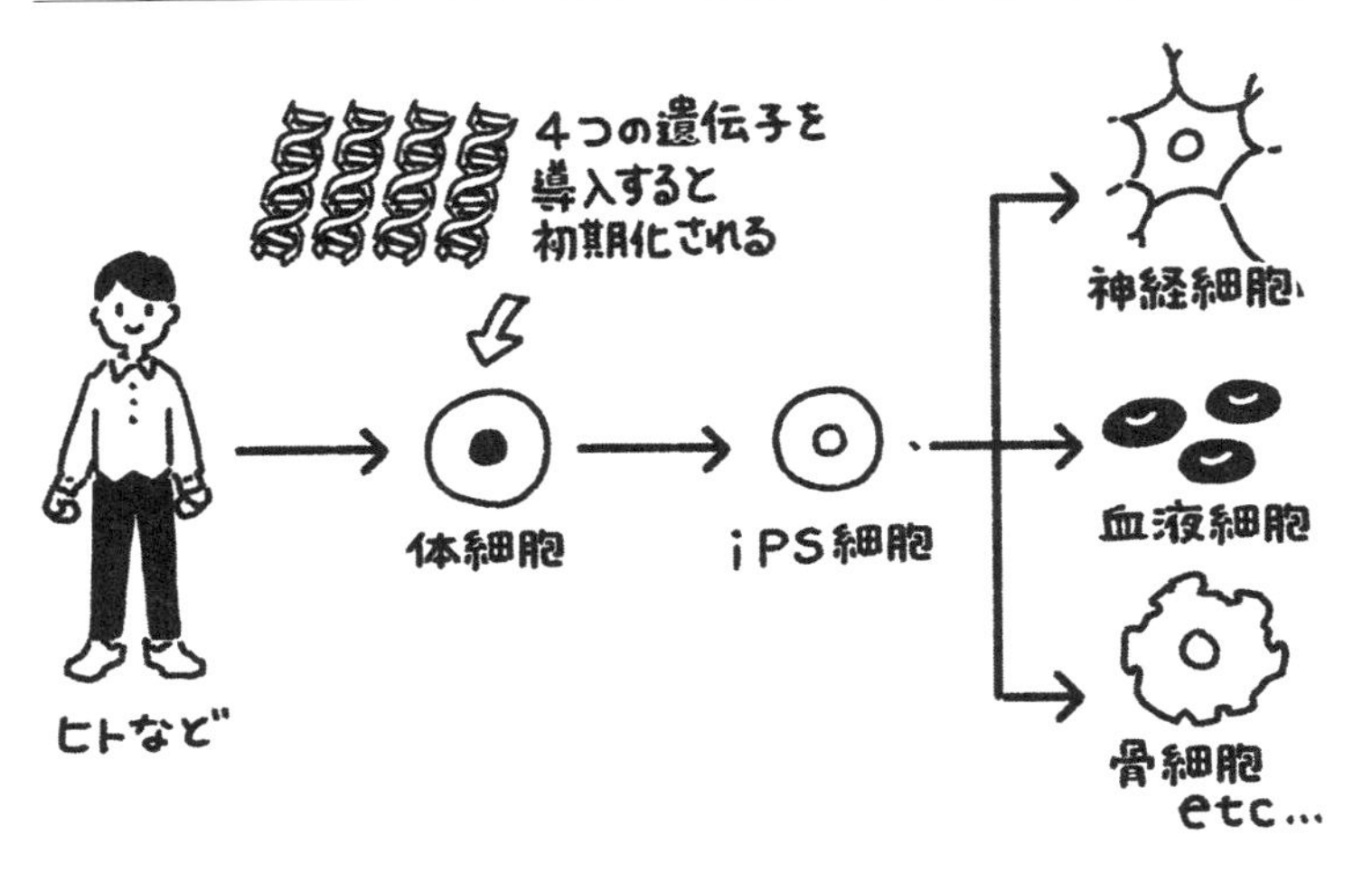

【図19-4 iPS細胞の作製】

一方、多能性細胞は（少なくとも完全な）胎盤を作れないので、子宮に入れても子どもは生まれない。しかし、すべての種類の細胞になることはできる。例としてはES細胞や、これから紹介するiPS細胞（人工多能性幹細胞）がある。

iPS細胞は、二〇〇六年に山中伸弥と高橋和利によって作られた幹細胞だ。体細胞にわずか四つの遺伝子を導入することによって、初期化することに成功したのである【図19－4】。四つの遺伝子の中には、ES細胞の多能性を維持させるために重要な遺伝子も含まれている。iPS細胞は、過去のES細胞やクローンなどの研究の上に作られた幹細胞なのだ。そして、この四つの遺伝子の組み合わせを変えることにより、さらに改良されたｉＰＳ細胞も作製されている。

　ｉＰＳ細胞には、これまでの幹細胞にはなかった使いやすさがある。まず、作るときに受精卵を使わないので、倫理的な問題が起きない。また、患者自身の体細胞から作ることができるので、免疫による拒絶反応が少ない。さらに、多能性細胞なので、クローン人間の作製といった倫理的問題も起きないのだ。現在ｉＰＳ細胞は、再生医療においてもっとも期待されている細胞である。山中伸弥はｉＰＳ細胞を作成したことにより「動物の分化した細胞が多能性幹細胞に初期化できることを発見した」功績で、二〇一二年度のノーベル生理学・医学賞を受賞している。

山中伸弥

　このように、ｉＰＳ細胞は夢のような細胞だ。それでは、不老不死の夢を託すことはできるのだろうか。ひょっとしたら体については、古くなった器官を新しい器官に置き換えたりして、不老不死が実現できるかもしれない。でも、問題は脳だ。

　古くなった脳を新しい脳に取り換えたら、

別の意識に支配された別の人間になってしまう。これでは意味がない。人間が望む不老不死というのは、体の無限の連続性ではなく、意識の無限の連続性だからだ。もしかしたら、脳を部分的に交換していけば、意識は連続したままでいられるのかもしれない。しかし、その辺りは、まだ想像の域を出ない。

とりあえずは目の前にある重要な課題、つまりアルツハイマー病などの病気の治療に期待をかけることにしよう。

おわりに

古代ローマのお風呂の漫画『テルマエ・ロマエ』などで有名なヤマザキマリさんのエッセーに、イタリア人の詩人と付き合っていたエピソードが書かれていた。その詩人は生活力がないので、ヤマザキマリさんが働いて生活を支えていたそうだ。しかし、詩人は労働はしないくせに労働条件などには詳しくて、ヤマザキマリさんの働き方に偉そうに口を出してくる。何となくダメ人間という感じで、その辺りは笑えるところなのだが、私はその詩人に妙に親近感を持った。

たしかにきちんと労働して、そのうえで労働について意見をいえば、それは立派なことだろう。でも、だからといって、労働していない人が、労働について意見をいってはいけない、ということにはならないはずだ。

きちんと労働しているからといって、労働についてきちんと理解しているとは限らない。いや、すべてをきちんと理解している人なんて、いるはずがない。中にいるとわからないことが、外から見ればわかることもある。中にいると、わかっていてもいえないことが、外の人ならいえることもある。だから、立場にかかわらず、どんな人にも意見をいう権利はあるはずだ。

でもそのためには、一つ大切なことがある。あのイタリア人の詩人の立派（？）だったところは（労働はしないくせに）労働に興味があったことだ。実際に労働するかどうかは別にして、少なくとも労働に興味がなければ意見はいわないだろう。

現代の科学は巨大になった。そして、多くの分野に細分化された。だから、多くの分野で活動することは難しい。でも、多くの分野に興味を持つことならできるかもしれない。そして興味があれば、意見をいうこともできるだろう。

そういう興味を広げるお手伝いができればと思って、この本を書かせて頂いた。フランスの彫刻家、オーギュスト・ロダン（一八四〇～一九一七）は、日本人の女優、花子を好んでモデルとした。ある人の意見では、花子はとくに見栄えのよい人ではなかったという。しかし、ロダンはどんな人にも美しいところがあると思っていたようだ。それを見つけられるか見つけられないかは、見る人の目しだいらしい。

きっと、どんなことにも美しさはある。そして美しさを見つけられれば、そのことに興味を持つようになり、その人が見る世界は前より美しくなるはずだ。きっと生物学だって、(もちろん他の分野だって）美しい学問だ。そして、この本は生物学の本だ。もしも、この本を読んでいるあいだだけでも（できれば読んだあとも)、生物学を美しいと思い、生物学に興味を持ち、そしてあなたの人生がほんの少しでも豊かになれば、それに優る喜びはない。

最後に多くの助言を下さったダイヤモンド社の田畑博文氏、かわいいイラストを描いて下さったはしゃ氏、そのほか本書をよい方向に導いて下さった多くの方々、そして何よりも、この文章を読んで下さっている読者の方々に深く感謝いたします。

二〇一九年一〇月　　更科　功

すごかったね
うん

景色の見え方が少し変わった気がするね

参考文献

（日本語の一般書籍）

◆『新しい人体の教科書（上・下）』 山科正平（講談社）

◆『エピジェネティクス』 仲野徹（岩波書店）

◆『動く植物』 P・サイモンズ（訳：柴岡孝雄、西崎友一郎）（八坂書房）

◆『美しき免疫の力』 ダニエル・M・デイヴィス（訳：久保尚子）（NHK出版）

◆『幹細胞』 ジョナサン・スラック（訳：八代嘉美）（岩波書店）

◆『がん免疫療法とは何か』 本庶佑（岩波書店）

◆『現代免疫物語』 岸本忠三、中嶋彰（講談社）

◆『細胞内共生説の謎』 佐藤直樹（東京大学出版会）

◆『酒と健康』 高須俊明（岩波書店）

◆『仕事にしばられない生き方』 ヤマザキマリ（小学館）

◆『植物はなぜ5000年も生きるのか』 鈴木英治（講談社）

◆『酒乱になる人、ならない人』 眞先敏弘（新潮社）

◆『進化』 ニコラス・H・バートン、デレク・E・G・ブリッグス、ジョナサン・A・アイゼン、デイビッド・B・ゴールドステイン、ニパム・H・パテル（監訳：宮田隆、星山大介）（メディカル・サイエンス・インターナショナル）
◆『進化には生体膜が必要だった』 佐藤健（裳華房）
◆『人類の進化が病を生んだ』 ジェレミー・テイラー（訳：小谷野昭子）（河出書房新社）
◆『生命の内と外』 永田和宏（新潮社）
◆『増補 iPS細胞』 八代嘉美（平凡社）
◆『藻類30億年の自然史』 井上勲（東海大学出版会）
◆『ダ・ヴィンチの二枚貝（上・下）』 スティーヴン・ジェイ・グールド（訳：渡辺政隆）（早川書房）
◆『藤子・F・不二雄大全集 少年SF短編2』 藤子・F・不二雄（小学館）
◆『免疫が挑むがんと難病』 岸本忠三、中嶋彰（講談社）
◆『免疫と「病」の科学』 宮坂昌之、定岡恵（講談社）
◆『iPS細胞』 黒木登志夫（中央公論新社）
◆『iPS細胞はいつ患者に届くのか』 塚﨑朝子（岩波書店）

更科功

さらしな・いさお

1961年、東京都生まれ。
東京大学教養学部基礎科学科卒業。
民間企業勤務を経て大学に戻り、
東京大学大学院理学系研究科修了。
博士（理学）。専門は分子古生物学。
現在、東京大学総合研究博物館研究事業協力者、
明治大学・立教大学兼任講師。
『化石の分子生物学』（講談社現代新書）で
第29回講談社科学出版賞を受賞。
著書に『宇宙からいかにヒトは生まれたか』
『進化論はいかに進化したか』（ともに新潮選書）、
『爆発的進化論』（新潮新書）、『絶滅の人類史』（NHK出版新書）、
共訳書に『進化の教科書・第1～3巻』
（講談社ブルーバックス）などがある。

若い読者に贈る美しい生物学講義——感動する生命のはなし

2019年11月27日　第1刷発行
2023年3月24日　第10刷発行

著　者———更科功
発行所———ダイヤモンド社
〒150-8409　東京都渋谷区神宮前6-12-17
https://www.diamond.co.jp/
電話／03･5778･7233（編集）　03･5778･7240（販売）

ブックデザイン—鈴木千佳子
装画・本文イラスト—はしゃ
DTP・図版———宇田川由美子
校正—————神保幸恵
製作進行————ダイヤモンド・グラフィック社
印刷・製本———三松堂
編集担当————田畑博文

ISBN 978-4-478-10830-7